U0076708

Contents

食物消化過程中不可或缺的「唾液」

唾液亦具有殺菌、預防蛀牙的效果

鼻腔

接著就從食物進入口腔後第一個遇到的消化液「唾液」開始說起吧。

「唾液」1 天約分泌 1～1.5公升，進食的時候會比平常分泌更多，1 分鐘約 4 毫升左右。唾液是由叫做「唾腺」（salivary gland）的器官所製造（右圖），在食物入口或聞到味道的刺激下，唾液即開始分泌。

食物經過牙齒磨碎，再與唾液混合後，更容易通過食道。唾液中的蛋白質具有潤滑作用，可讓食物順利運送至胃部。

同時唾液中的消化酵素「澱粉酶」（amylase），可以分解米飯、麵包所富含的「醣類」。

此外，唾液還有維持口腔清潔的功能，例如洗掉齒縫間的食物殘渣、透過具殺菌作用的蛋白質防止細菌繁殖等等。

依分泌位置不同唾液的黏性也不同

如圖所示，大的唾腺共有三對（腮腺、頜下腺、舌下腺），左右各一。唾液幾乎都是水分（99.5%），其餘為消化酵素和具黏性的蛋白質等。不同位置的唾腺，唾液中的蛋白質種類和含量也不一樣，因此黏性會有差異。

在輕鬆的狀態下用餐，會分泌較多清澈的唾液；若處於緊張的狀態，則會分泌較為黏稠的唾液。

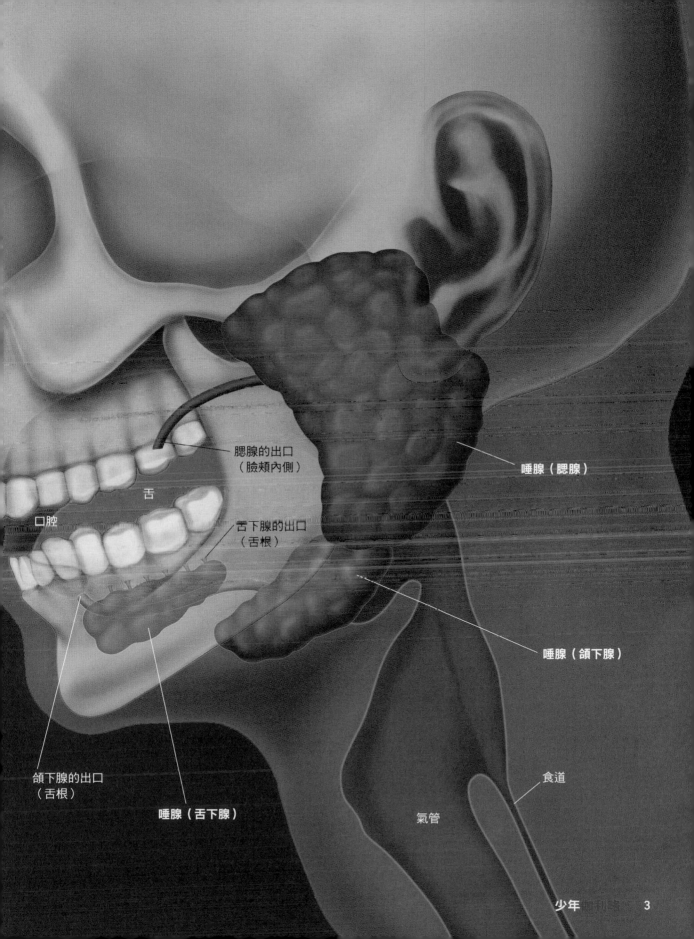

腮腺的出口
（臉頰內側）

舌

口腔

舌下腺的出口
（舌根）

唾腺（腮腺）

唾腺（頜下腺）

頜下腺的出口
（舌根）

唾腺（舌下腺）

食道

氣管

「牙齒」表面是人體最硬的部位

人類牙齒和齒列的變化與咀嚼功能的退化有關

牙齒是極為堅硬的組織。構成牙齒主體的牙本質（dentin，又稱象牙質）中含有70％的磷酸鈣成分，露出於牙齦（牙肉）外的部分稱為「牙冠」，牙本質的表面由牙釉質（enamel，又稱琺瑯質）覆蓋著。牙釉質中磷酸鈣的成分占了大半，硬度與水晶不相上下，是人體中最硬的組織。另外，藏在牙齦內的部分稱為「牙根」，牙本質的表面被齒堊質覆

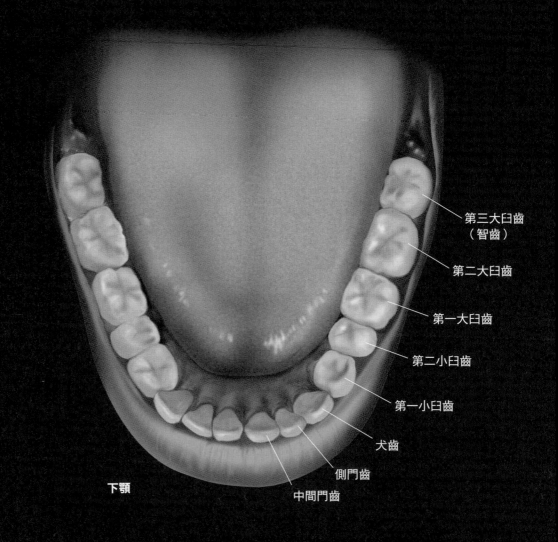

第三大臼齒（智齒）

第二大臼齒

第一大臼齒

第二小臼齒

第一小臼齒

犬齒

側門齒

中間門齒

下顎

蓋著，與環繞周圍的骨頭（齒槽骨）間以一層強韌組織（牙周韌帶）相接合。牙本質的內部為空洞狀，滿布神經、血管等「牙髓」組織。

　　包含人類在內的哺乳類動物，都擁有能咬斷食物的犬齒和門齒（人類的門牙）、磨碎食物的臼齒等各種形狀的牙齒。不過，人類牙齒的磨碎功能正在退化。與大猩猩等類人猿相比，人類的犬齒較不突出，牙齒排列也不像類人猿的 U 字型，而是呈放射狀。位於口腔最深處的「智齒」，有些人甚至一輩子都不會長出來。

成人的牙齒有28～32顆

成人的恆齒，為前牙 3 顆（門齒 2 顆、犬齒 1 顆）加後牙 5 顆（小臼齒 2 顆、大臼齒 3 顆）共 8 顆，上下左右有 4 個區域，所以合計32顆。不過最後方的第三大臼齒則因人而異，不一定都會長出來。小孩的乳齒並沒有可以對應恆齒大臼齒的牙齒，所以是上下左右 4 個區域各 5 顆，合計20顆。

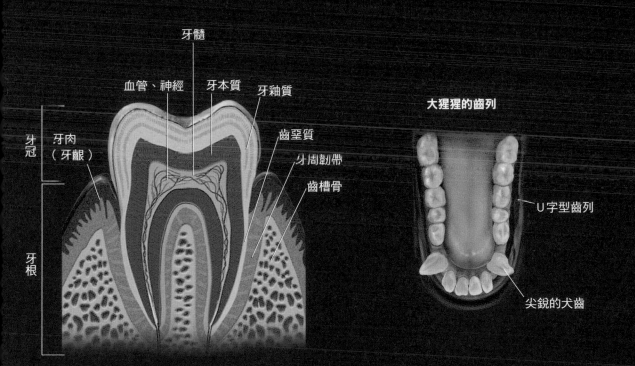

牙髓

血管、神經　牙本質　牙釉質

牙冠

牙肉（牙齦）

齒堊質

牙周韌帶

齒槽骨

牙根

大猩猩的齒列

U字型齒列

尖銳的犬齒

即使倒立也能將食物吞下肚！

藉由肌肉避免食物「誤入」肺部或鼻腔

我們的喉嚨裡有兩條管道，一條是將食物送至胃部的食道（esophagus），另一條是運送空氣至肺部的氣管（trachea）。為了吸入空氣，平時氣管的入口皆為打開的狀態，食道的入口由環繞著食道的肌肉（環咽肌）維持在關閉的狀態。

當吞下食物時，氣管的入口會蓋上，暫時封閉，而食道入口的肌肉則會放鬆打開讓食物通過。

食道就如從軟管擠出牙膏一般，藉由肌肉收縮將水或食物送至胃部（蠕動）。就算倒立或處於無重力空間，進入食道的食物仍然會持續前行抵達胃部。

藉由肌肉的運作將食物往前推進

右頁為食道的示意圖。食道是一條外徑約 2 公分，長25公分，壁厚 4 毫米左右的管狀器官，食物在吞下 6 秒後就會抵達胃部。

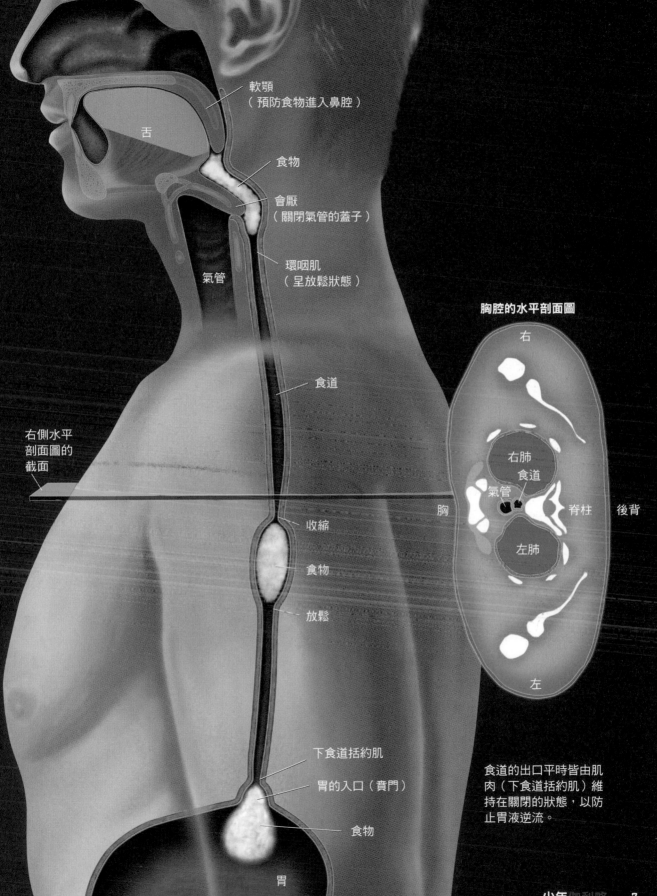

軟顎
（預防食物進入鼻腔）

舌

食物

會厭
（關閉氣管的蓋子）

環咽肌
（呈放鬆狀態）

氣管

食道

右側水平
剖面圖的
截面

收縮

食物

放鬆

下食道括約肌

胃的入口（賁門）

食物

胃

胸腔的水平剖面圖

右

右肺

食道

氣管

脊柱　　後背

左肺

胸

左

食道的出口平時皆由肌
肉（下食道括約肌）維
持在關閉的狀態，以防
止胃液逆流。

替食物殺菌的「胃液」

將不會腐敗的粥狀食物，慢慢推送至小腸

藉由胃壁肌肉的伸縮，胃液與食物均勻混合

胃會透過收縮使胃液和食物充分的混合，形成黏稠的粥狀物。而胃黏膜則是由其分泌的黏液來中和胃液鹽酸以保護胃。

將口中與唾液混合過的食物吐出來，放在炎熱夏天的室溫下不用幾小時就會腐敗了。人體內的溫度約37℃上下，可是吃進肚裡的食物卻不會腐敗，這是因為胃內會對食物進行殺菌。

腐敗指的是細菌分解食物的現象，因此只要殺死細菌就不會腐敗。送至胃部的食物，與pH1～2的強酸性液體「胃液」（gastric juice）混合後，即可達到殺菌的效果。胃液之所以具強酸性，是因為裡面含有鹽酸。胃液是由覆蓋在胃內壁的黏膜製造，每天分泌1.5～2公升。

胃還有暫時儲存食物，慢慢送進小腸的功能。食物在胃裡的停留時間，大約是2～4個小時。這段期間內，胃液中的消化酵素胃蛋白酶（pepsin）會開始初步分解蛋白質（消化）。

幽門
（胃的出口）

十二指腸

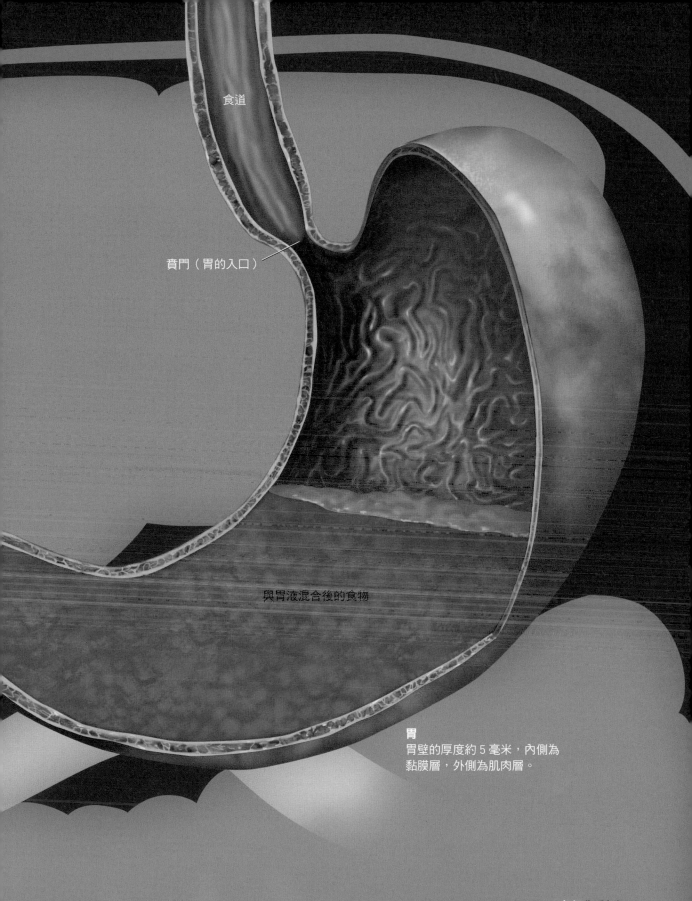

食道

賁門（胃的入口）

與胃液混合後的食物

胃
胃壁的厚度約 5 毫米，內側為
黏膜層，外側為肌肉層。

注入最強力的消化液「胰液」！
營養素於「十二指腸」完全分解

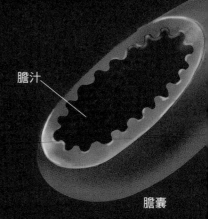

膽汁

膽囊
負責儲存及濃縮肝臟所分泌的「膽汁」，膽汁中含有能幫助消化脂肪之類的各種成分。

膽囊

食物接下來會送至十二指腸。十二指腸為小腸的一部分，是一條長約25公分的管子，內壁上有許多皺褶。

十二指腸與製造消化液「胰液」（pancreatic juice）的胰臟緊鄰，胰液會經由胰管送至十二指腸。胰液中含有多種消化酵素，能將三大營養素（醣類、蛋白質、脂質）完全分解，是消化系統中最重要的消化液。

生物體基本上是由蛋白質所組成，胰臟也不例外。分解蛋白質的胰液在生產階段看似會造成胰臟的自我消化，但實際上並不會。胰液中分解蛋白質的酵素胰蛋白酶（trypsin），會在離開胰臟後，與小腸黏膜分泌的酵素產生反應才會活化。

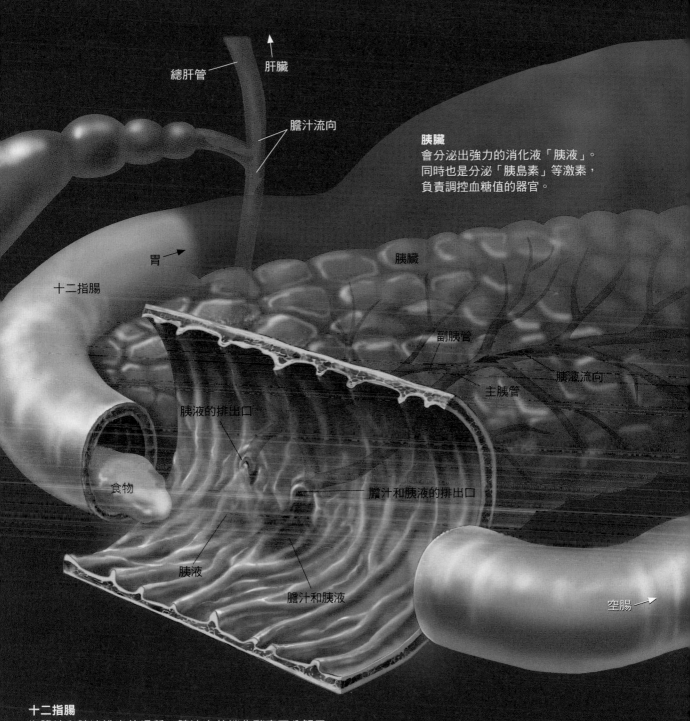

總肝管

肝臟

膽汁流向

胰臟
會分泌出強力的消化液「胰液」。
同時也是分泌「胰島素」等激素，
負責調控血糖值的器官。

胃

十二指腸

胰臟

副胰管

胰液流向

主胰管

胰液的排出口

食物

膽汁和胰液的排出口

胰液

膽汁和胰液

空腸

十二指腸
為膽汁和胰液排出的場所，胰液中的消化酵素可分解三
大營養素（醣類、蛋白質、脂質）。小腸壁上有黏液的保
護，故能免於被消化酵素分解。此外，鹼性的胰液還能中
和強酸性的胃液。

超過身長 3 倍
的蜿蜒小道

將食物分解成小分子並
吸收營養的「小腸」

小 腸分為「十二指腸」、「空腸」
　　和「迴腸」。身體內的小腸因
肌肉收縮，長度介於 2～3 公尺間。
但在鬆弛狀態下，長度可達 6～7 公
尺。小腸的功能是將食物進行最後的
消化與養分吸收。

　小腸內壁的黏膜上有許多皺褶，表
面布滿著 1 毫米左右的突起物（絨
毛）。絨毛的表面排列著「吸收上皮
細胞」（absorptive epithelial cell），
細胞的表面也覆蓋著一層稱為「微絨
毛」（microvillus）的細毛結構。微
絨毛表面的膜有消化酵素，經胰液等
分解後送入小腸的營養物質，會被膜
內的消化酵素分解成最小單位，再透
過微絨毛的表面吸收。透過這樣的構
造，能夠增加消化後的食物與微絨毛
表面的接觸機會，提高營養的吸收效
率。

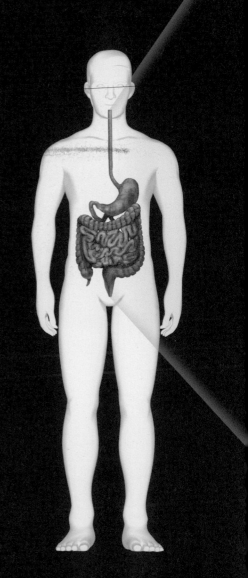

食道

胃

十二指腸

空腸（占十二指腸之後的小腸前半段 4 成）

吸收上皮細胞　微血管

淋巴管

絨毛

放大

環狀褶

放大

放大

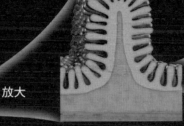

1.空腸（外徑約 4 公分）
存在著許多皺褶（環狀褶），具有增加表面積的作用。小腸內壁的表面積，幾乎等同於一面網球場的面積。

2.內壁的皺褶（高約 8 毫米）
環狀褶的放大圖。由於表面有許多突起物（絨毛），故可增加小腸內壁的表面積。

3.絨毛（高 0.5～1.5 毫米）
絨毛的放大圖。絨毛上覆蓋著「吸收上皮細胞」，細胞的表面還有層「微絨毛」，會吸收已分解成小分子的營養物質。

迴腸（占十二指腸之後的小腸後半段 6 成）

盲腸

闌尾

結腸

直腸

肛門

儲存庫兼
化學工廠

「肝臟」製造的物質有 500種以上！

糖和胺基酸經小腸黏膜吸收後，會進入小腸內壁的微血管，然後再經由血液運送至「肝臟」。

肝臟是巨大的臟器，成人的肝可重達1.2公斤。血液流經胃、小腸、大腸等消化道，吸收了營養物質後，會先經由「肝門靜脈」（hepatic portal vein）送至肝臟。送到肝臟的營養物質，會轉換成容易儲藏的形式存放於此。舉例來說，將食物中的醣類分解成葡萄糖（糖的一種），以鍵結的方式將數千～數萬個分子聚合在一起，變成「肝醣」（glycogen）儲存起來。並於身體需要時，再重新分解成葡萄糖，釋放到血液中。

肝臟還能將蛋白質和脂肪合成糖，或是將蛋白質和糖合成脂肪，經化學反應在肝臟製造出來的物質多達500種以上。肝臟身兼「儲存庫」和「化學工廠」的角色，對身體而言是相當重要的臟器。

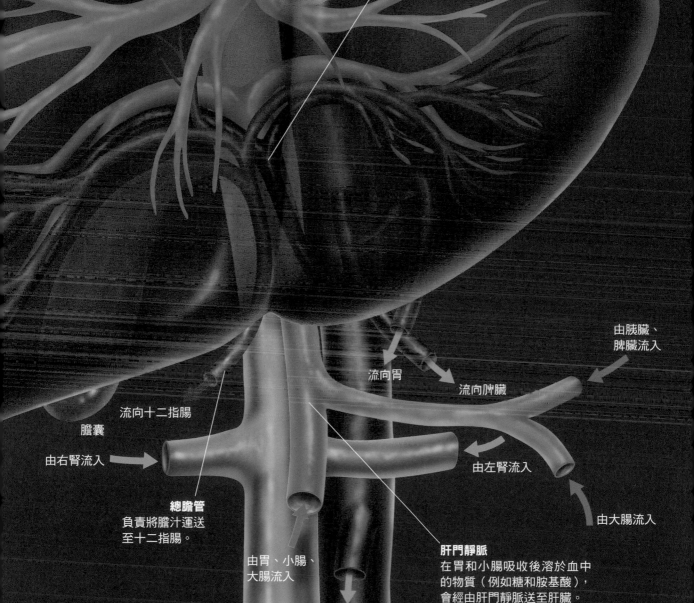

流向心臟

由心臟流入

肝固有動脈
負責將含有大量氧的血液流入肝臟
的血管。在小腸被吸收再進入淋巴
管的脂肪，也會從這裡流入肝臟。

肝靜脈
負責將肝臟製造出的各
種物質，經由血流輸送
至全身。

下大靜脈

降主動脈

由胰臟、
脾臟流入

流向胃

流向脾臟

膽囊

流向十二指腸

由右腎流入

由左腎流入

總膽管
負責將膽汁運送
至十二指腸。

由大腸流入

由胃、小腸、
大腸流入

肝門靜脈
在胃和小腸吸收後溶於血中
的物質（例如糖和胺基酸），
會經由肝門靜脈送至肝臟。

流向小腸、
大腸

Coffee Break

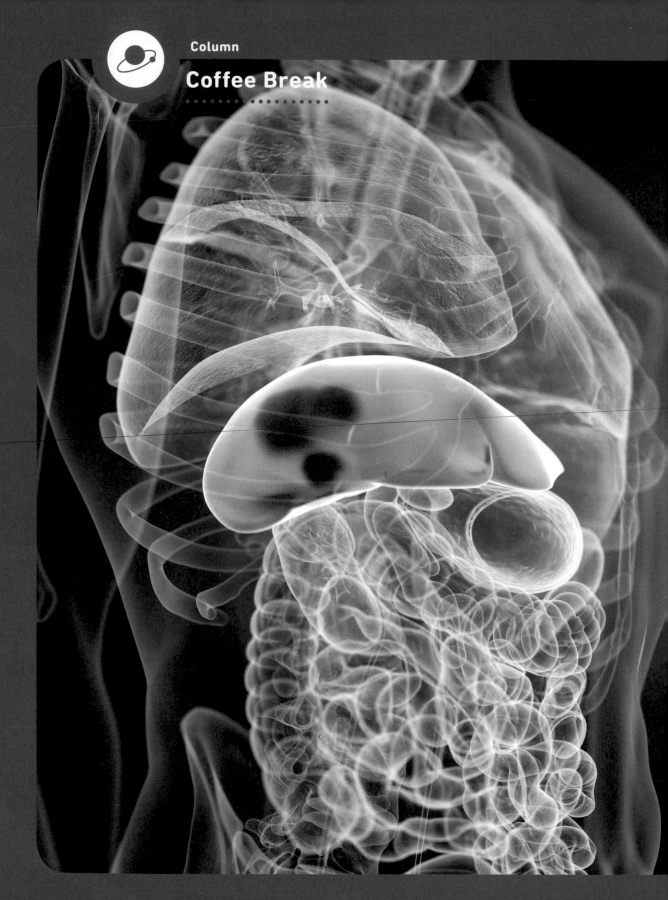

「沉默的臟器」驚人的再生能力

肝臟的疾病，病情發展到相當程度之前不會有任何的自覺症狀，所以肝臟有「沉默的臟器」之稱。因此，必須得透過血液檢查來發現肝臟的異常。

肝臟的疾病統稱為「肝炎」（hepatitis），在台灣引起肝炎最多的原因是病毒。大家應該都聽過「B型肝炎」、「C型肝炎」等病名，這些都是因為病毒感染所引起的疾病。

除了心臟以外，從胃、胰臟、小腸、大腸來的血液也會經由肝門靜脈大量地流入肝臟，所以本來在別處的癌細胞也可能因為血液流動轉移至肝臟。在肝癌的治療法上，有時會採用切除癌細胞的方式。不過，肝臟是具有高度再生能力的臟器，即使在手術中切掉一半的肝臟，只要剩餘的肝臟處於健康的狀態，幾個月後就能長回原來的大小。

水分會在「大腸」吸收，避免腹瀉

棲息在「大腸」內的腸道細菌數量有100兆個！

糞便形成的過程

接著我們來看看尿液和糞便的排泄機制。大腸位於從食道一路延伸的消化道末端，由盲腸、結腸、直腸所組成，長約1.6公尺的管狀構造就環繞在小腸的周圍。

從小腸進入大腸的食物，近90%的營養物質已經被吸收了。大腸的主要功能是吸收水分並形成固體糞便，並透過腸道細菌（gut microbiota）將小腸無法消化吸收的成分加以分解、吸收。

大腸內棲息著大腸菌、乳酸菌等多種細菌。成人的腸道細菌種類有1000種以上，數量超過100兆個，重達1.5公斤。腸道細菌可將人體無法消化的部分物質如膳食纖維（dietary fiber），分解成能吸收的成分。在這過程中會產生硫化氫等味道的氣體，亦即造成放屁臭味的原因。

1.已成液體狀的食物
　大部分營養素已被小腸吸收殆盡的食物（殘渣）從小腸被運送過來。

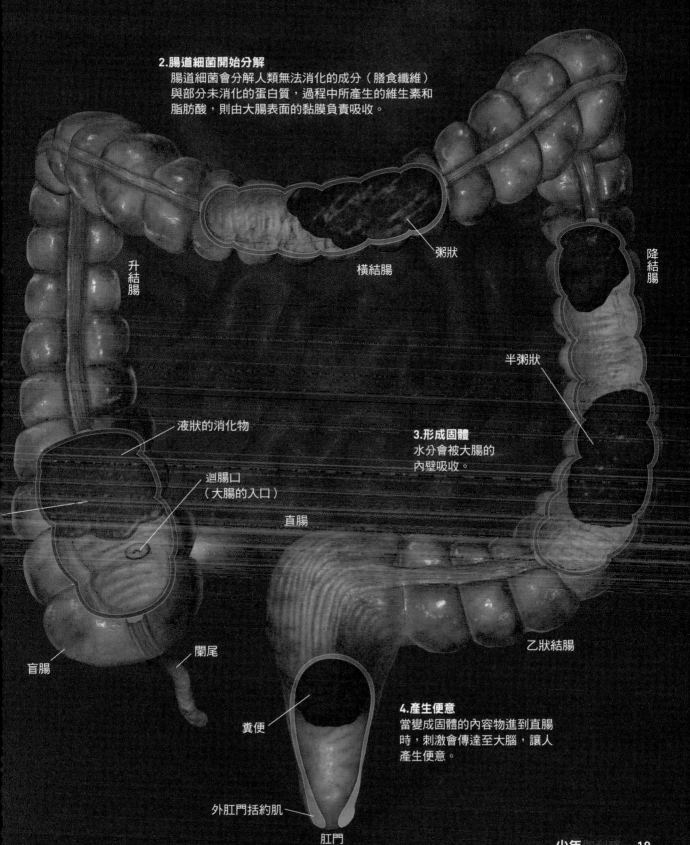

2.腸道細菌開始分解
腸道細菌會分解人類無法消化的成分（膳食纖維）
與部分未消化的蛋白質，過程中所產生的維生素和
脂肪酸，則由大腸表面的黏膜負責吸收。

粥狀

橫結腸

降結腸

升結腸

半粥狀

液狀的消化物

3.形成固體
水分會被大腸的
內壁吸收。

迴腸口
（大腸的入口）

直腸

盲腸

闌尾

乙狀結腸

糞便

4.產生便意
當變成固體的內容物進到直腸
時，刺激會傳達至大腦，讓人
產生便意。

外肛門括約肌

肛門

不斷地過濾血液製造出尿液

「腎臟」每天過濾1700公升的血液

人 體一天排出的尿液約1～1.5公升，而製造尿液的器官「腎臟」就位於後背的腰部上方附近，左右各一。

　　構成人體的基本要素中，水的含量最多，約占成人男性體重的60%、成人女性的55%。腎臟最重要的功能是調節並穩定維持體內水分的總量和成分（例如鈉含量、酸鹼值平衡）。因此，每天約有多達1700公升的血液從心臟流入腎臟。腎臟過濾這些大量的血液後，收集其中的老舊廢物及多餘的水分，並形成尿液。

　　腎臟中由直徑約0.2毫米的「腎小體」負責過濾血液的工作，左右腎臟合計約有200萬個腎小體。血液經腎小體過濾後會成為尿液的原料「原尿」，內含水分和各種成分，因此必須再次吸收其中的所需物質，將其濃縮成尿液。

若腎功能變差就得採取「人工透析」治療

右圖是從背面來看的一對腎臟（右側腎臟以剖面圖呈現）。當腎功能惡化，有時會需要接受人工透析治療（俗稱洗腎）。

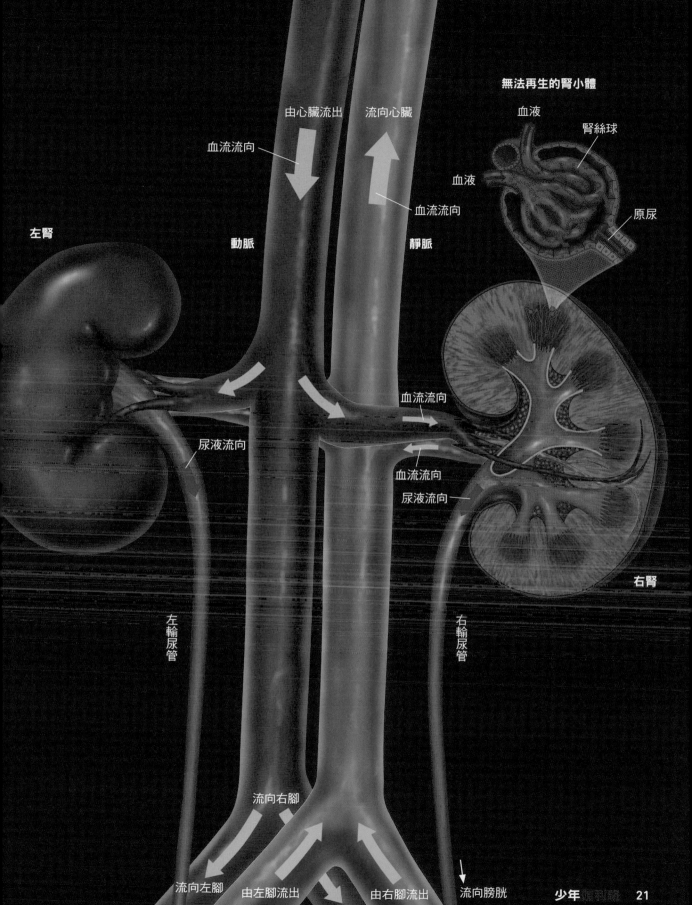

由心臟流出　流向心臟

血流流向

無法再生的腎小體

血液

腎絲球

血液

血流流向

原尿

左腎

動脈

靜脈

血流流向

尿液流向

血流流向

尿液流向

右腎

左輸尿管

右輸尿管

流向右腳

流向左腳　由左腳流出　由右腳流出　流向膀胱

「膀胱」壁的厚度會變薄至5分之1

男性與女性可儲存的尿液容量並不相同

當尿液在腎臟形成之後，會暫時的儲存在「膀胱」（urinary bladder）。膀胱位於下腹部，是一個具伸縮性的袋狀器官。以成人男性為例，尿液排空時上部呈扁縮狀，高約3～4公分；儲滿時則膨脹成圓球狀，直徑約10公分（容量約500毫升）。由於女性的膀胱上方空間就是子宮，容量會比男性略小一些（約400毫升）。

一般來說尿液累積到200～300毫升後，就會產生尿意。當尿液排空時，膀胱壁的厚度為10～15毫米，當尿液儲滿、膀胱脹大後，厚度只剩下3毫米左右。而感受尿液的接收器，就位於膀胱壁的肌肉層。大腦藉由感受膀胱壁的厚度，即可得知膀胱內儲存的尿量。

肌肉能關閉出口，因此可以暫時憋尿

右圖為女性的膀胱。當尿液累積時膀胱壁便逐漸變薄。此時輸尿管的出口會因受壓而閉合，可防止尿液回流至腎臟。關閉膀胱出口的肌肉（括約肌）有兩處，其中一處可由自我意識控制，能自行決定排尿的時機。

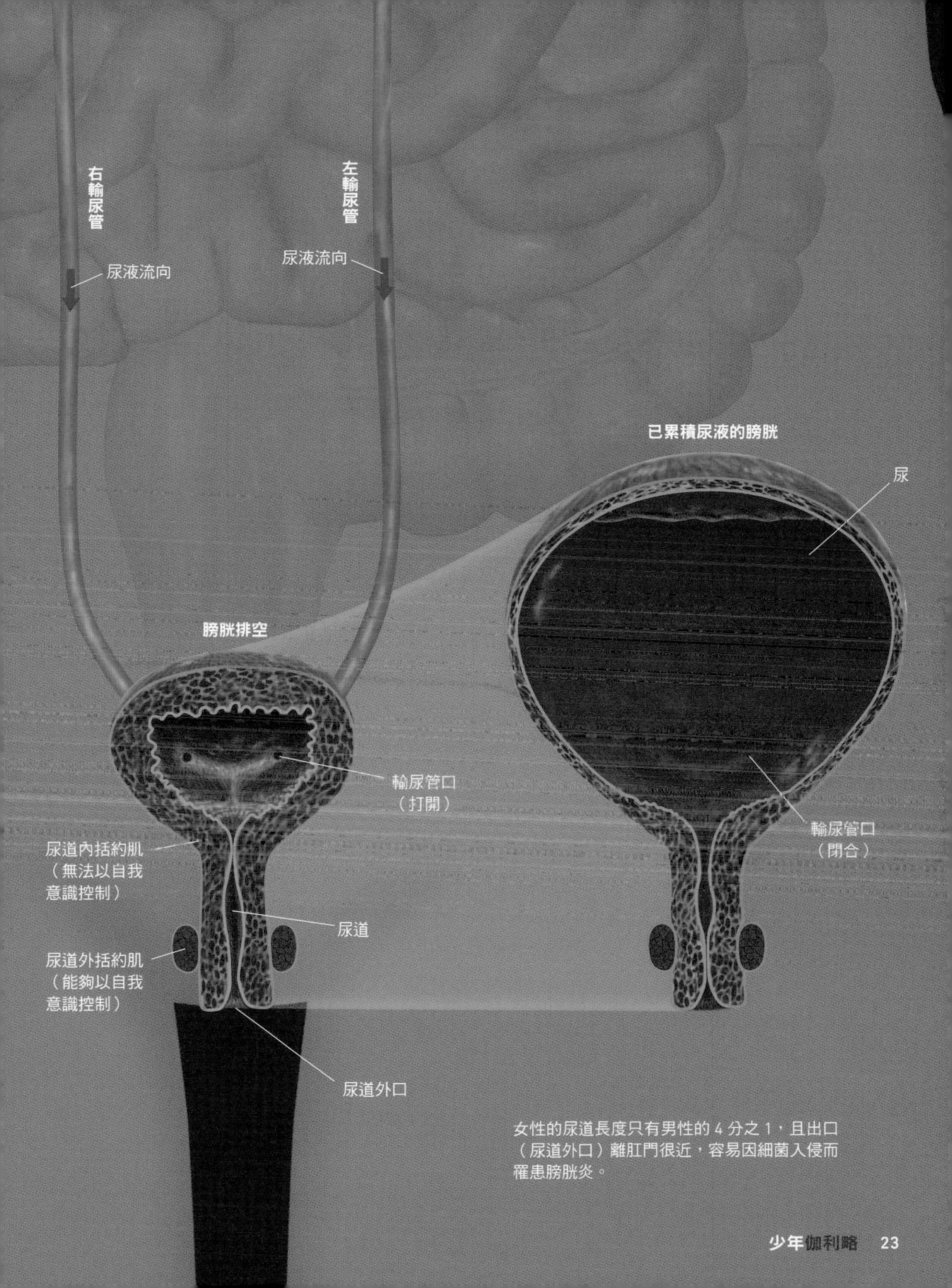

右輸尿管

尿液流向

左輸尿管

尿液流向

已累積尿液的膀胱

尿

膀胱排空

輸尿管口
（打開）

尿道內括約肌
（無法以自我
意識控制）

輸尿管口
（閉合）

尿道

尿道外括約肌
（能夠以自我
意識控制）

尿道外口

女性的尿道長度只有男性的 4 分之 1，且出口
（尿道外口）離肛門很近，容易因細菌入侵而
罹患膀胱炎。

糞便中含有的
食物殘渣僅占7%

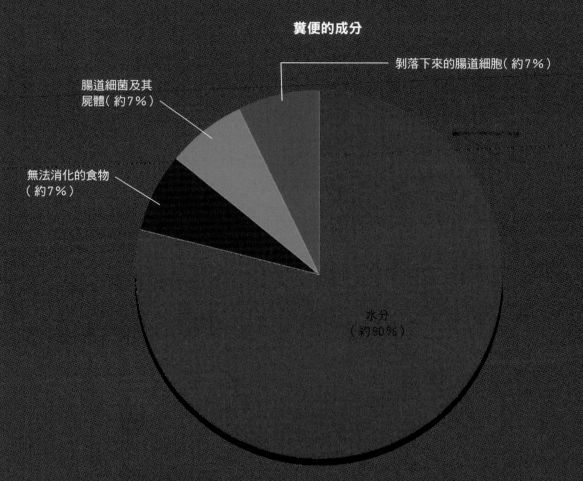

糞便的成分

剝落下來的腸道細胞（約7％）

腸道細菌及其
屍體（約7％）

無法消化的食物
（約7％）

水分
（約80％）

每天排出的糞便，平均約為60～180公克，其中有80%是水分。

　　水分以外的固體成分中，無法消化的食物殘渣（膳食纖維）比例，出乎意料地只有三分之一，僅占全部糞便的7%。

　　剩下的則是通過大腸時進行代謝活動的腸道細菌及其屍體，與腸道表面剝落下來的細胞（左頁圓餅圖）。

　　此外，糞便的顏色來自於膽汁中的「膽紅素」（bilirubin）。膽紅素的來源是破壞老舊紅血球時從血紅素釋出的色素，在經過肝臟的加工處理後形成膽汁排出。

以糞便的特徵進行分類的「布里斯托大便分類法」（Bristol stool scale）

1. 顆粒便	如兔子大便般的一顆顆硬球狀
2. 硬便	呈香腸狀，質地堅硬且表面有一節節塊狀突起
3. 皺褶便	呈香腸狀，表面有裂痕
4. 香蕉便	像香腸或蛇　樣的條狀，表面光滑柔軟
5. 軟便	質地柔軟的半固體，邊緣呈不平滑狀
6. 糊便	呈糊狀，邊緣鬆散、破碎
7. 水便	呈液體狀，完全沒有固體塊

　　「布里斯托大便分類法」是根據硬度、型態等特徵將糞便分成7種類型，此國際標準的發明者為英國布里斯托大學的醫師。數字越往後，代表糞便停留在大腸內的時間越短。

男性生殖器製造的「精子」

細長的管道中，每天製造出大量的精子

接著來揭開生命的神祕面紗吧。

生命的起點是父親的「精子」（sperm）和母親的「卵子」（ovum）結合形成的「受精卵」。負責製造精子的「睪丸」（testis），為左右各一、長4～5公分的卵圓形器官，內側許多細長的「細精管」就是製造精子的地方。從青春期開始，一生都會不斷地製造精子。此外，睪丸還有分泌主要男性激素「睪固酮」的功能。

負責將精子送入女性體內的「陰莖」，在性興奮時會形成膨脹變硬（勃起）的狀態。

當處於勃起狀態時，原本儲存在副睪的精子會透過「輸精管」的蠕動運動（也就是收縮、放鬆的動作），推送至位於膀胱後方（背側）的「輸精管壺腹」。當性興奮到一定程度後，會經尿道噴出體外（射精）。

精子
全長約0.06毫米。一次射精所排出的精液僅數毫升，但其中的精子數多達數億個。

粒線體

鞭毛

細胞核
承載著遺傳訊息的DNA。

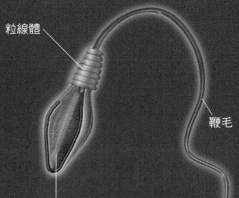

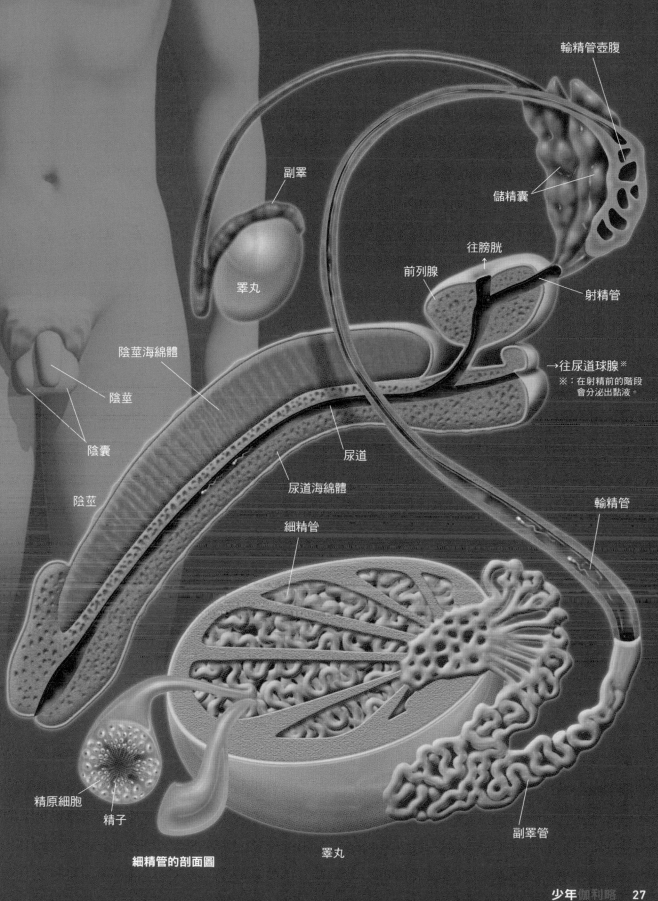

輸精管壺腹

儲精囊

副睪

往膀胱

前列腺

射精管

睪丸

→往尿道球腺※

※：在射精前的階段
會分泌出黏液。

陰莖海綿體

陰莖

尿道

陰囊

尿道海綿體

輸精管

陰莖

細精管

精原細胞

精子

副睪管

細精管的剖面圖

睪丸

女性生殖器製造的「卵子」

每個月都做好懷孕的準備

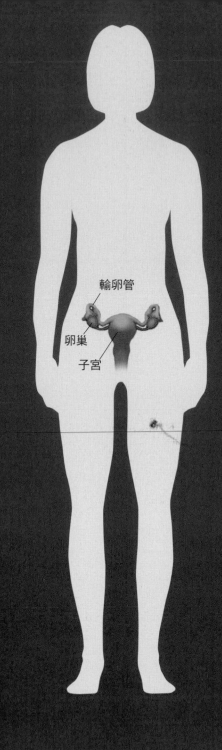

輸卵管

卵巢

子宮

女性生殖系統的主要功能是製造「卵子」，讓精子進入完成受精，孕育胎兒直到生產。左右各一的「卵巢」（ovary）能製造出卵子。卵子的前身細胞是在胎兒時期被比它更小的細胞所包圍，形成稱為「卵泡」（ovarian follicle）的結構，然後暫時停止發育。進入青春期後，每個月都會有少數的卵泡發育，但最後只會有一個卵子成熟。

成熟的卵子，會進入孕育胎兒的「子宮」兩側延伸而出的「輸卵管」（排卵）。每個月會排卵一次，女性一生中排出的卵子約有400個。卵子可受精的時間，大約為排卵後的24小時內。

若卵子沒有和精子結合完成受精，就會連同剝落的血液一同流出體外，此即「月經」。懷孕期間的婦女並不會有月經。

「陰道」內有強的酸性，因此無法成功通過陰道的精子，就會在陰道內失去活動能力而死亡。

與子宮相連

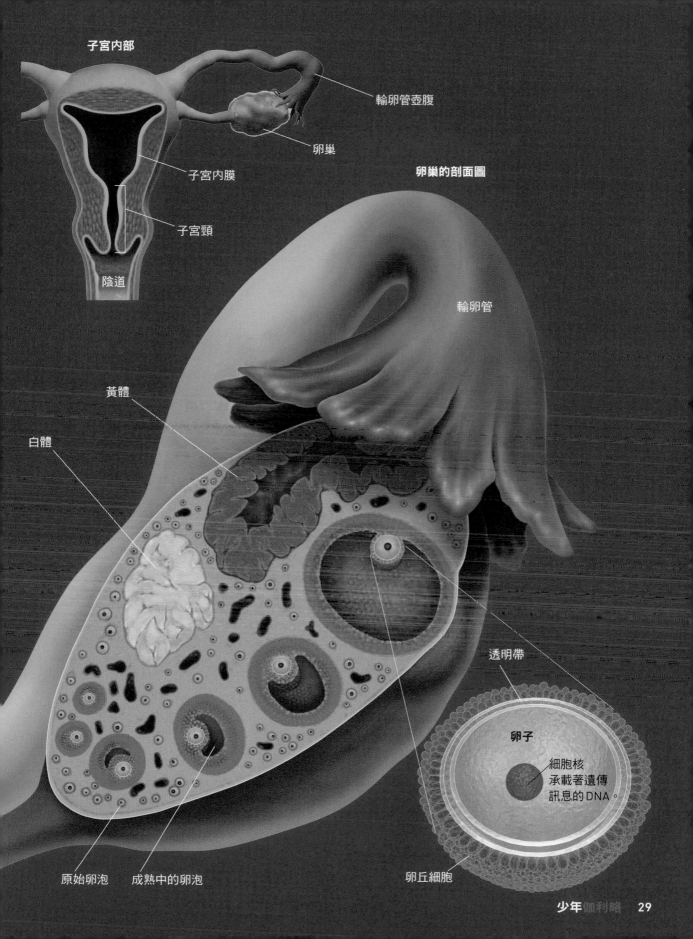

子宮內部

輸卵管壺腹

卵巢

子宮內膜

子宮頸

陰道

卵巢的剖面圖

輸卵管

黃體

白體

透明帶

卵子

細胞核
承載著遺傳
訊息的DNA。

原始卵泡

成熟中的卵泡

卵丘細胞

在子宮等待誕生的胎兒

生命的奧秘起始於精子和卵子的相遇

受精作用發生在輸卵管的末端附近，稱為「輸卵管壺腹」（ampulla of uterine tube）的膨大部位。長0.06毫米的精子，必須游過從陰道到輸卵管壺腹約20公分的距離。最後能與卵子相遇的精子，不過是一次射精所釋出數億個精子中的數百個而已。

能與卵子相遇的精子，必須穿越環繞在卵子外的「透明帶」（zona pellucida）以及周圍的大量細胞（卵丘細胞），才能進到卵子中釋放出細胞核。待卵子和精子的細胞核結合後始完成受精。為了阻止多重受精的發生，透明帶會在精子進入卵子後改變性質，將其他精子阻擋在外。

受精卵一面進行細胞分裂，一面沿著輸卵管往子宮移動。由受精卵多次分裂形成的細胞團塊稱為「胚」，抵達子宮後，透明帶會裂開讓胚出來（孵化）。之後，胚附著於子宮壁「著床」，就代表成功懷孕了。

臨產前的子宮與胎兒

懷孕前的子宮長約10公分以下，但臨產前的子宮可以長達30公分以上。胎兒透過臍帶和胎盤與母體相連，母親的血液會流入胎盤中的「絨毛間隙」。胎盤是母體與胎兒間進行物質交換的場所，胎兒可經由血管汲取母體血液中的營養和氧，胎盤同時也將胎兒血液中的老舊廢物和二氧化碳送至母體血液中。

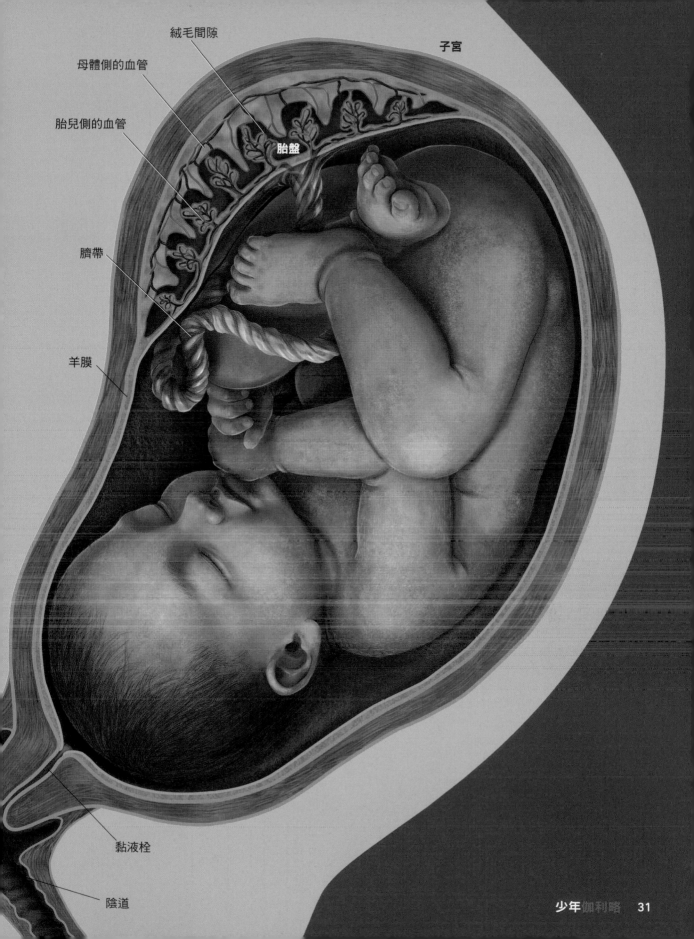

絨毛間隙

母體側的血管

胎兒側的血管

子宮

胎盤

臍帶

羊膜

黏液栓

陰道

「肺」藉由回縮的力量吐出空氣

吸氣時必須借助周遭的肌肉

接著就來看看肺和心臟的運作機制吧。肺就如氣球般,是可以伸縮變化的器官。

肺光靠自己無法吸入空氣。肺位於胸腔內,當胸部空間(胸腔)變大,肺部擴張,空氣就會經由氣管進入肺部內。

改變胸腔大小的關鍵,在於可以使肋骨上下移動的肌肉(肋間肌,intercostal muscle)和橫膈

吸氣時

1. 肋間肌收縮,整個肋骨往上、往外拉。

2. 同時,肺部下方的橫膈收縮,整個橫膈往下降。

3. 胸部空間(胸腔)變大,內部壓力變小。藉由內外的壓力差,讓空氣得以經由氣管流入肺部(吸氣)。

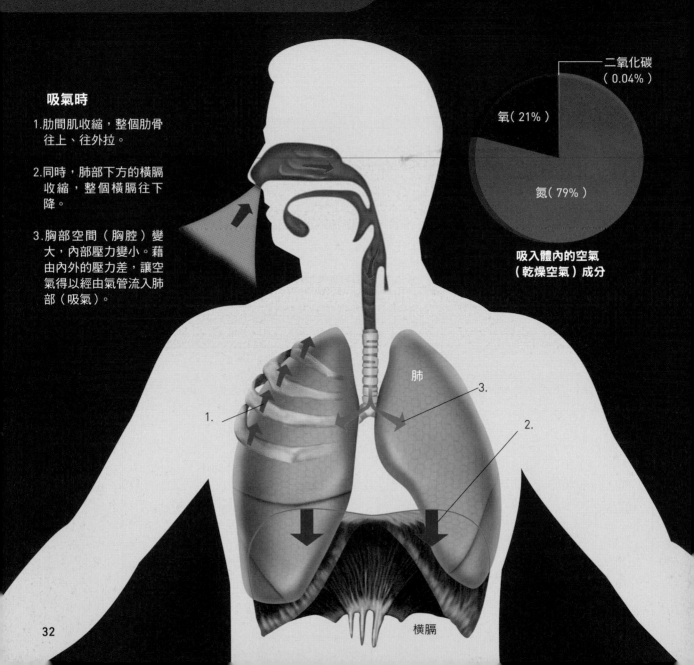

二氧化碳（0.04%）

氧（21%）

氮（79%）

吸入體內的空氣（乾燥空氣）成分

肺

1.

3.

2.

橫膈

（diaphragm，又稱橫隔膜），橫膈為區隔胸腔和腹腔的圓頂狀肌肉。吸氣的時候，肋骨往上提的同時，橫膈往下降，使胸腔的容積變大，讓空氣流入肺內。

吐氣的時候，基本上是仰賴擴張的肺欲恢復原來大小的回縮力量，將空氣擠壓出去。就像氣球一樣，肺利用膨脹後的回縮力量將空氣吐出。在此同時，肋骨和橫膈也會回到原來位置，胸腔的容積再度變小。

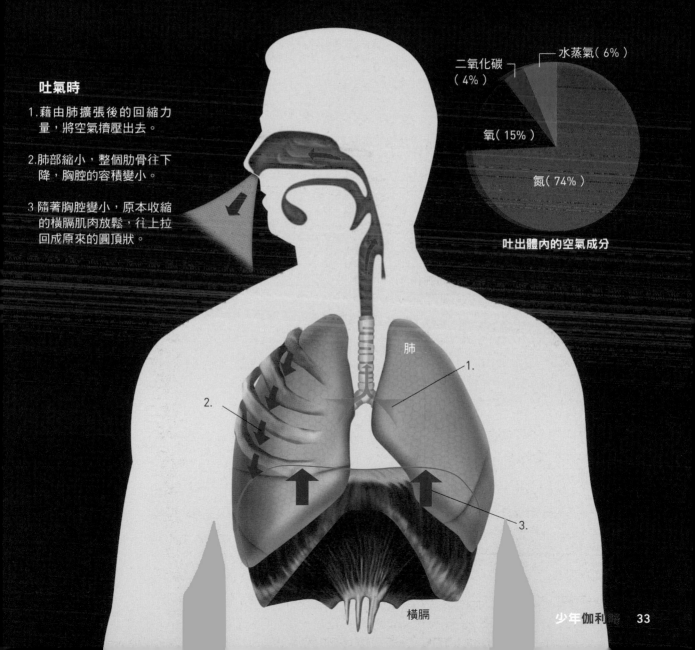

吐氣時

1. 藉由肺擴張後的回縮力量，將空氣擠壓出去。

2. 肺部縮小，整個肋骨往下降，胸腔的容積變小。

3. 隨著胸腔變小，原本收縮的橫膈肌肉放鬆，往上拉回成原來的圓頂狀。

二氧化碳（4%）

水蒸氣（6%）

氧（15%）

氮（74%）

吐出體內的空氣成分

肺

橫膈

肺內有數億個「小房間」

讓血液吸收氧，排出二氧化碳

右肺

氣管

吸入的空氣會經由「氣管」進入肺部。氣管不斷分支，遍及至肺部每個角落。

在分支後的支氣管末端有許多「肺泡」（alveolus），此為氧和二氧化碳進行交換的場所。肺泡的中間為空洞，一個肺泡的直徑約0.2毫米。

肺泡的周圍密布著微血管網，會透過肺泡壁吸收氧和排放二氧化碳（氣體交換）。由於流入肺部的血液中，氧濃度較低、二氧化碳的濃度高，空氣中的氧會自然地融入血液中，二氧化碳則從血液中排出體外。左右兩肺合起來共有2～7億個肺泡，大量的肺泡可以增加空氣與微血管的接觸面積，提高氣體交換的效率。

此外，氧是細胞內分解糖等分子取得能量時的必要物質。

無數的肺泡可以增加表面積

負責吸入氧和排出二氧化碳（氣體交換）的肺泡，表面積合計可達100～140平方公尺（約半面網球場的面積）。

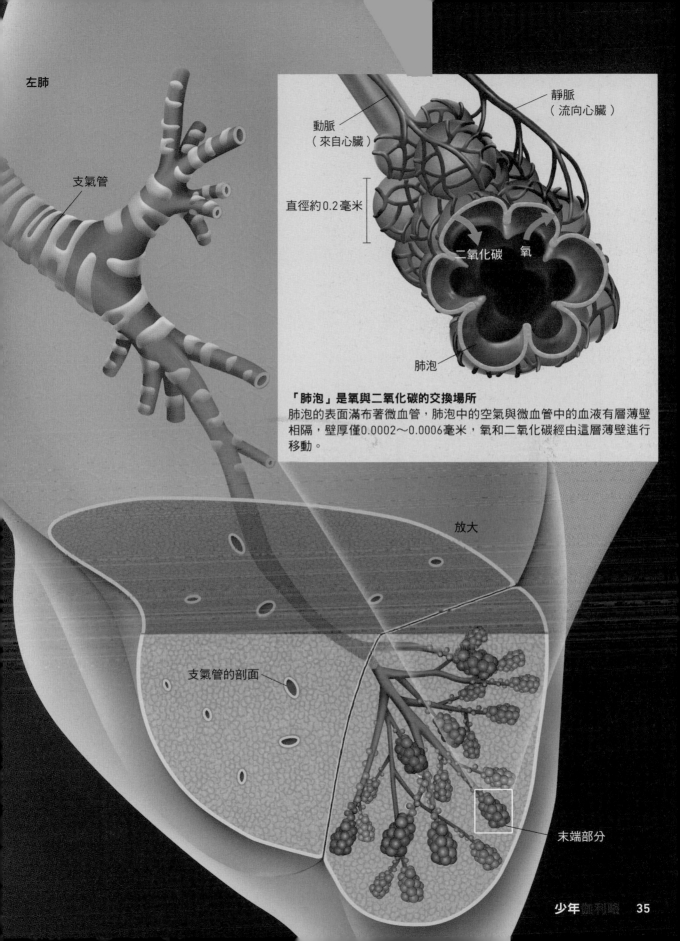

左肺

支氣管

靜脈
（流向心臟）

動脈
（來自心臟）

直徑約0.2毫米

二氧化碳　　氧

肺泡

「肺泡」是氧與二氧化碳的交換場所
肺泡的表面滿布著微血管，肺泡中的空氣與微血管中的血液有層薄壁相隔，壁厚僅0.0002～0.0006毫米，氧和二氧化碳經由這層薄壁進行移動。

放大

支氣管的剖面

末端部分

不間斷地輸出 大量的血液

「心臟」負責將從肺 回流的血液運送至全身

心臟就像是血液循環系統中的幫浦，經由厚肌肉壁的規律收縮，以一定的節奏將血液擠壓出去。在安靜狀態下，心臟每分鐘約可輸出5公升的血液，與全身的血液量（約5公升）相當。

心臟內部由四個腔室組成。右側兩個腔室（右心房和右心室，插圖左側）負責將循流全身後返回心臟的血液運送至肺；左側兩個腔室（左心房和左心室，插圖右側），負責將從肺回流的血液運送至全身。

而由於肺就在心臟的兩旁，所以右心室送出血液時並不需要那麼強大的力量，相較之下得將血液傳送至頭頂和腳尖的左心室，則需要較強大的力道。四個腔室的出口都有一個防止血液逆流的「瓣膜」。

複雜的 8 條血管 出入心臟

右頁是從前方角度看過去的心臟剖面圖。輸送充氧血的血管以紅色標示，輸送缺氧血的血管以藍色標示，心臟內的血流方向以箭頭標示。

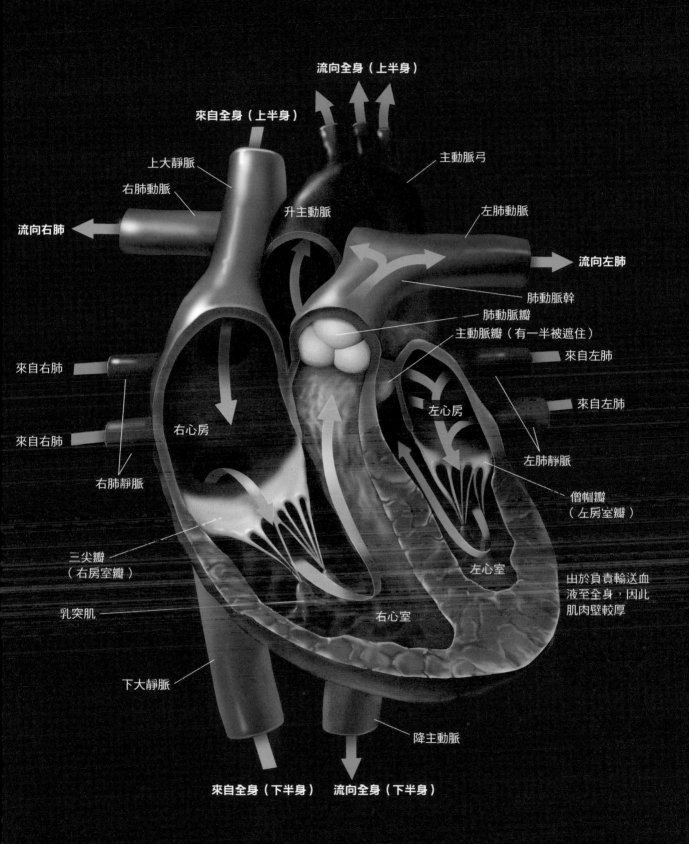

流向全身（上半身）

來自全身（上半身）

上大靜脈

右肺動脈

流向右肺

升主動脈

主動脈弓

左肺動脈

流向左肺

肺動脈幹

肺動脈瓣

主動脈瓣（有一半被遮住）

來自左肺

來自右肺

來自左肺

來自右肺

左心房

右心房

左肺靜脈

右肺靜脈

僧帽瓣
（左房室瓣）

三尖瓣
（右房室瓣）

左心室

由於負責輸送血液至全身，因此肌肉壁較厚

乳突肌

右心室

下大靜脈

降主動脈

來自全身（下半身）　流向全身（下半身）

心臟跳動聲是瓣膜開關的聲音

心雜音是心臟疾病的徵兆

心臟通常以每秒 1 次的節奏跳動，累計一天約跳10萬次，80年則可達30億次。

心臟的跳動就如右頁插圖所示可分成五個階段。每跳動一次，就會從心室送出約70毫升的血液量。兩個血液循環系統的幫浦（右心系統和左心系統）輸出的血液量相同，所以合計約可送出140毫升的血液。

用聽診器能聽到心臟「噗通噗通」的跳動聲（心音），其實是心房或心室的瓣膜打開、關閉時發出的聲音。若心臟瓣膜無法緊密閉合（閉鎖不全）、通道變窄（瓣膜狹窄），血液會形成逆流或漩渦，並且出現「嘩嘩」、「咕嘟咕嘟」之類的雜音（心雜音）。醫生透過聽診辨別有無心雜音，即可確認心臟是否異常。

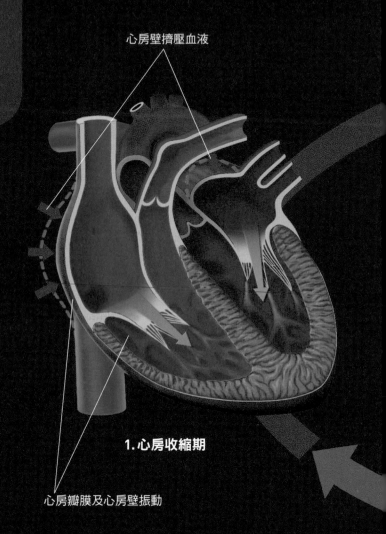

心房壁擠壓血液

1. 心房收縮期

心房瓣膜及心房壁振動

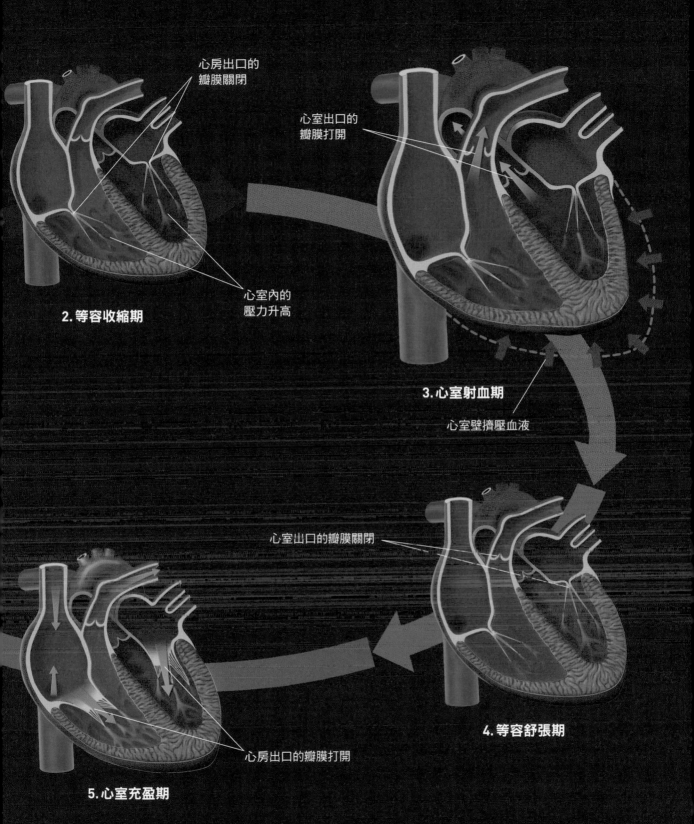

心房出口的
瓣膜關閉

心室出口的
瓣膜打開

心室內的
壓力升高

2. 等容收縮期

3. 心室射血期

心室壁擠壓血液

心室出口的瓣膜關閉

4. 等容舒張期

心房出口的瓣膜打開

5. 心室充盈期

血液量會隨著需求而變化

運動時流向肌肉的血液量可增加30倍

安靜狀態下的血液供給量

主動脈
流向全身（95%）
每分鐘約4.8公升

肺動脈
流向肺（100%）
每分鐘約5公升

上大靜脈

冠狀動脈

心臟（5%）
每分鐘約0.3公升

下大靜脈

肺靜脈

肺（100%）
每分鐘約5公升

在安靜狀態下，腎臟是從心臟獲得最多血液的器官。每分鐘由左心室輸出的血液中，有23%分配給了腎臟。其次是胃、小腸等消化道，供應給腦部和肌肉的血液量也不少。

供應血液給肝臟的路徑有兩條，一條是由心臟直接流入的路徑（肝固有動脈），一條是經由胃腸流入的路徑（肝門靜脈），合計約占心臟輸出血液量的28%，因此也可說肝臟才是獲得最多血液的器官。

血液的供給量會隨著身體的狀態而大幅變化。劇烈運動時不只心跳速率增加，每次心跳從心臟送出的血液量也會增加，最多可達安靜狀態時的7倍。當進行劇烈運動時，心臟供血的目的地也有所變化。大量的血液會流向需要氧的肌肉，供給量甚至是安靜狀態時的30倍。

註：除了本圖標示出的器官外，血液也會分配至支氣管、脾臟、感覺器官等部位。分配比例的資料參考自《人體的正常構造與功能》（日本醫事新報社）等。

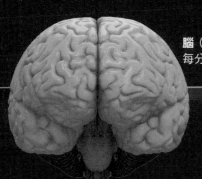

腦（約15%）
每分鐘約0.75公升

肝臟（約28%）
每分鐘約1.4公升

肝臟（來自動脈約8%）

肝固有動脈

消化道（約30%）

肝門靜脈

肝臟（來自肝門靜脈約20%）

食道、肛門周圍

流向
心臟

上、下大靜脈

皮膚（約9%）
每分鐘約0.5公升

腎臟（約23%）
每分鐘約1.2公升

肌肉（約16%）
每分鐘約0.8公升

感知疼痛及溫度的「皮膚」

皮膚的三個分層擁有各自的功能

接 著來了解一下皮膚、骨骼和肌肉吧。

覆蓋在身體表面的皮膚，是由表皮（epidermis）、真皮（dermis）以及皮下組織（subcutis）三層構造所組成。

「表皮」是皮膚最外面的一層，細胞會不斷地增生。含有大量名為角蛋白（keratin）的纖維狀蛋白質，呈扁平狀密集堆擠，可抵禦外界病原菌的

同條神經可以感知到「疼痛」和「溫度」

延伸至表皮的神經末梢（感覺受器），會將「切割」、「螫刺」等物理性刺激的劇痛傳至大腦，以及將受傷組織釋放的發炎物質等化學物質的鈍痛傳至大腦。而這些神經末梢也會接收到來自溫度的刺激。

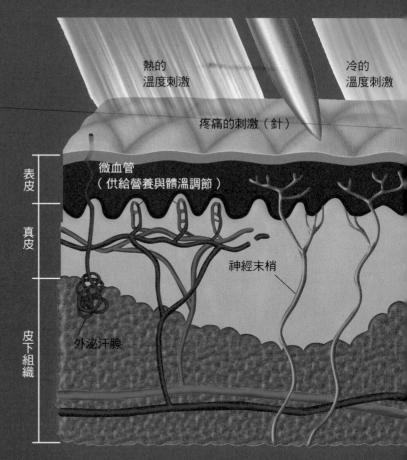

熱的溫度刺激

冷的溫度刺激

疼痛的刺激（針）

表皮

真皮

皮下組織

微血管（供給營養與體溫調節）

神經末梢

外泌汗腺

汗液有不同種類
一般所稱的汗液來自於「外泌汗腺」；「頂漿腺」則分布在腋窩等處，所分泌的汗液若被皮膚表面的細菌分解就會散發出異臭味。

入侵。

　　真皮位於表皮的下方，由膠原蛋白纖維和彈性纖維所組成，為堅韌又富彈性的網狀結構。因此皮膚就算受到擠壓或拉扯，也不容易變形。此外，負責接收外界訊息的「感覺受器」也位於真皮層內。

　　「皮下組織」是皮膚的最下層，位於真皮和肌肉、骨骼之間。含有大量的脂肪，就如同有彈性的軟墊一般，可以緩和外力的衝擊。

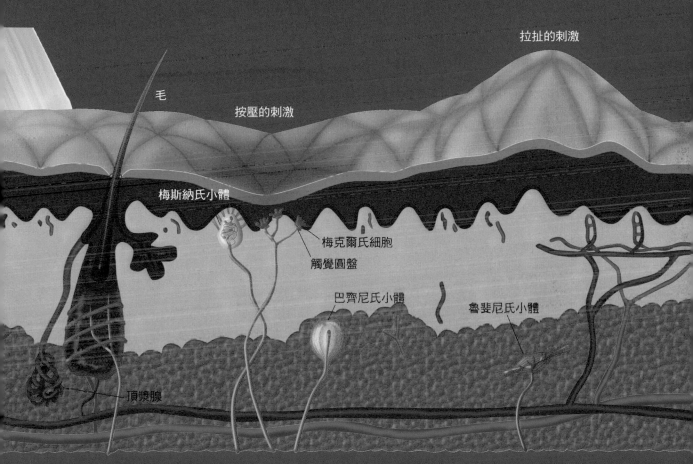

拉扯的刺激

毛

按壓的刺激

梅斯納氏小體

梅克爾氏細胞

觸覺圓盤

巴齊尼氏小體

魯斐尼氏小體

頂漿腺

位於表皮和真皮的「梅斯納氏小體」、「梅克爾氏盤（梅克爾氏細胞和觸覺圓盤）」、「巴齊尼氏小體」、「魯斐尼氏小體」，是接收按壓、拉扯等刺激的感覺受器。

皮膚也能調節體溫
洗完澡後皮膚紅通通
是為了散熱

皮膚能讓體溫維持在一定範圍內，不致受到外界溫度影響。

當身體感覺到熱就會出汗。由於汗水蒸發時會將身體的熱能帶走，所以藉由流汗可讓身體降溫。

剛剛洗完澡的臉頰顯得特別紅潤，這是因為位在表面的血管顏色從皮膚透出來的緣故。皮膚表面附近除了微血管外，還有稱為「動靜脈吻合」（arteriovenous anastomoses）的

熱的時候的皮膚

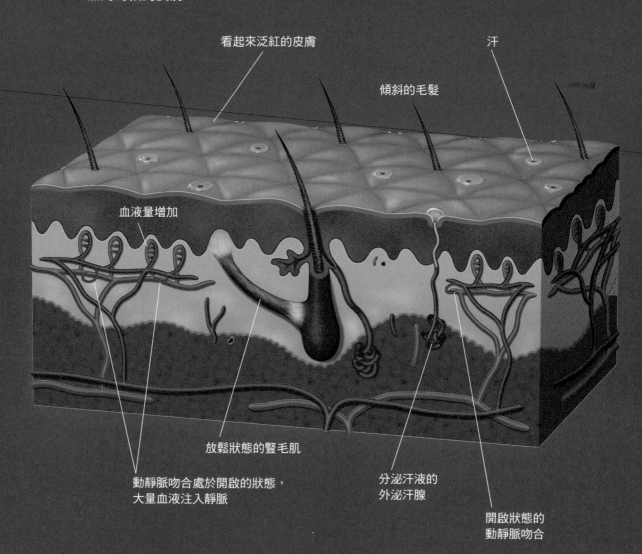

看起來泛紅的皮膚

汗

傾斜的毛髮

血液量增加

放鬆狀態的豎毛肌

動靜脈吻合處於開啟的狀態，大量血液注入靜脈

分泌汗液的外泌汗腺

開啟狀態的動靜脈吻合

部位。當外界溫度變高、體溫上升時，不只輸送血液至皮膚的動脈血管會擴張，動靜脈吻合也維持在開啟的狀態，此舉可讓流入皮膚的血液大幅增加。血液便將體熱運送至皮膚，再經由表面的血管散發出去。此時，因大量血液通過皮膚表面的微血管等處，透過皮膚就能看到血液的顏色，所以皮膚看起來會紅紅的。

反之，若外界溫度變低，輸送血液至皮膚的動脈血管就會收縮，動靜脈吻合處於關閉的狀態，流入皮膚的血液量因而變少，皮膚就會看起來較為蒼白。

冷的時候的皮膚

看起來蒼白的皮膚

隆起的皮膚

凹陷的皮膚

直立的毛髮

血液量減少

動靜脈吻合關閉，血液不會從動脈直接流入靜脈

收縮狀態的豎毛肌

關閉狀態的動靜脈吻合

「毛髮」和「指甲」 是皮膚的一部分

每天掉落 100根左右的頭髮

從「根部」延伸至尖端

毛髮細胞和指甲細胞會在組織的最下層進行分裂增生，逐漸往上推擠（指甲則往指尖方向），在過程中細胞會成為含有大量死細胞的角蛋白。

毛髮及指甲的細胞，和表皮細胞一樣是由富含纖維狀蛋白「角蛋白」的死細胞所構成。但是成分與表皮的角蛋白稍有不同。

頭髮 1 個月約可生長1～2公分。1根頭髮的壽命為3～6年。成人的髮量平均是10萬根，每天脫落的頭髮約為100根。

指甲具有保護指尖的作用。指甲根部的細胞不斷地增生，將舊的指甲往前推擠，指甲也因此變長。附著在皮膚上的指甲看起來是粉紅色，但其實指甲本身是半透明的白色，由於皮膚微血管透出的顏色，才使得指甲呈粉紅色。另一方面，前緣部分因為沒有與皮膚相連，乾燥後就成了不透明的白色。

指甲的生長部位

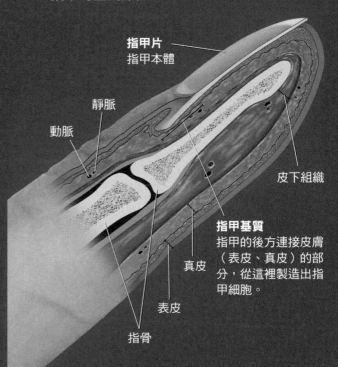

指甲片
指甲本體

靜脈

動脈

皮下組織

指甲基質
指甲的後方連接皮膚（表皮、真皮）的部分，從這裡製造出指甲細胞。

真皮

表皮

指骨

毛髮的一生

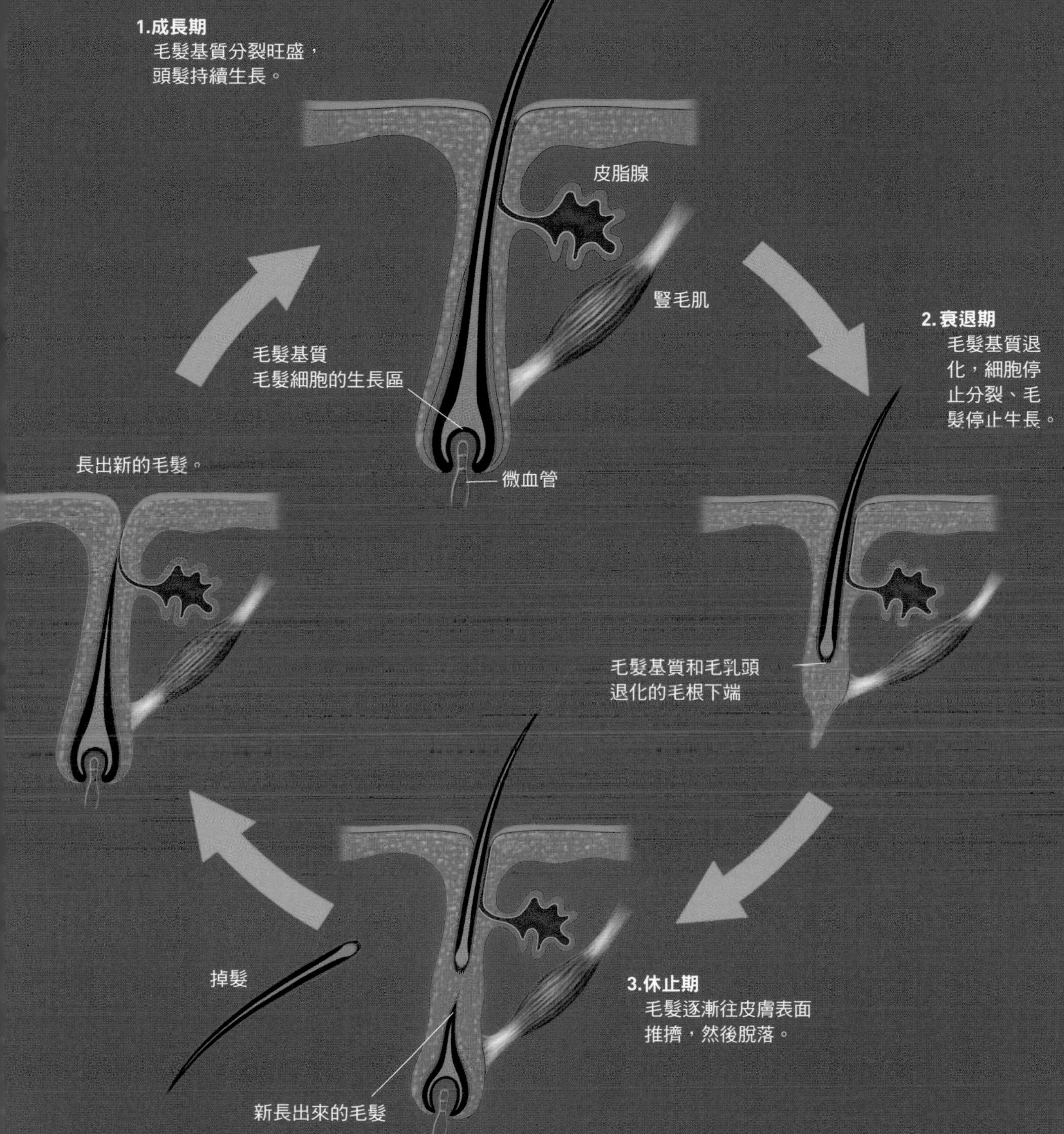

1.成長期
毛髮基質分裂旺盛，
頭髮持續生長。

皮脂腺

豎毛肌

毛髮基質
毛髮細胞的生長區

2.衰退期
毛髮基質退
化，細胞停
止分裂、毛
髮停止生長。

微血管

長出新的毛髮。

毛髮基質和毛乳頭
退化的毛根下端

掉髮

3.休止期
毛髮逐漸往皮膚表面
推擠，然後脫落。

新長出來的毛髮

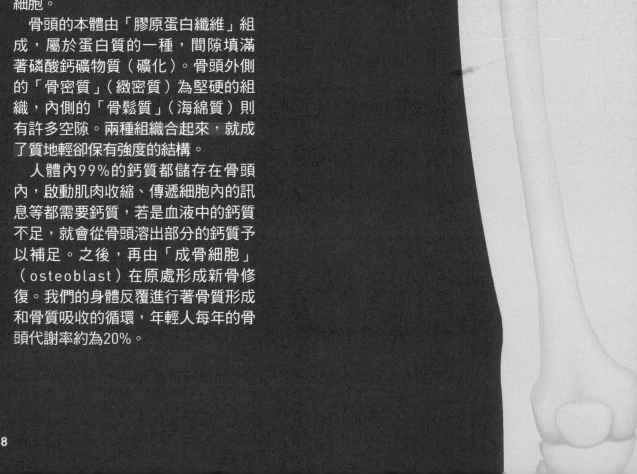

持續更新的「骨頭」

骨頭也能調整血液中鈣的濃度

人體全身約有200塊骨頭。骨頭（硬骨）具有支撐身體、進行肢體動作、保護腦部和內臟等作用，部分骨頭內部的骨髓還能製造出血液細胞。

骨頭的本體由「膠原蛋白纖維」組成，屬於蛋白質的一種，間隙填滿著磷酸鈣礦物質（礦化）。骨頭外側的「骨密質」（緻密質）為堅硬的組織，內側的「骨鬆質」（海綿質）則有許多空隙。兩種組織合起來，就成了質地輕卻保有強度的結構。

人體內99％的鈣質都儲存在骨頭內，啟動肌肉收縮、傳遞細胞內的訊息等都需要鈣質，若是血液中的鈣質不足，就會從骨頭溶出部分的鈣質予以補足。之後，再由「成骨細胞」（osteoblast）在原處形成新骨修復。我們的身體反覆進行著骨質形成和骨質吸收的循環，年輕人每年的骨頭代謝率約為20％。

股骨的構造與運作

骨頭之間由關節相連，由關節腔、關節囊
（纖維膜和滑液膜）、關節軟骨所組成。

關節軟骨

纖維膜
關節囊
滑液膜

關節腔

骨鬆質

骨密質

股骨
人體中最長的骨頭，長度
約為身高的 4 分之 1。

骨髓

身體是如何做出動作的呢？

牽動身體的「肌肉」是只能收縮的組織

身體的任何動作都須靠肌肉牽引骨頭來完成，附著在全身骨頭上的肌肉稱為骨骼肌（skeletal muscle）。骨骼肌會跨過關節附著於兩塊骨頭上面，而關節的作用就如同軸承般，讓骨骼能做出上下左右及旋轉的動作。

　　肌肉之間會互相連動，這裡就以手肘彎曲為例來說明吧。

　　當握緊拳頭、屈起手臂後，肌肉就會隆起，這裡所指的肌肉即上臂前側的「肱二頭肌」，其收縮是肘關節屈曲的主要原動力。位於肱二頭肌旁的「肱肌」，在肱二頭肌開始動作時會增加力道，協助抑制不需要同時動作的關節。此外，當肱二頭肌在收縮時，肌肉內側的「肱三頭肌」則會處於舒張的狀態。

　　肌肉是由纖維狀的細胞「肌纖維」聚集而成。

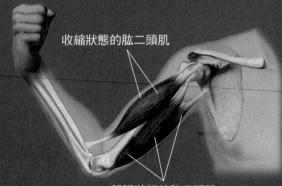

收縮狀態的肱二頭肌

舒張狀態的肱三頭肌

手肘彎曲時肱二頭肌會收縮，形成手肘彎曲的原動力，而此時後側的肱三頭肌會處於舒張狀態。

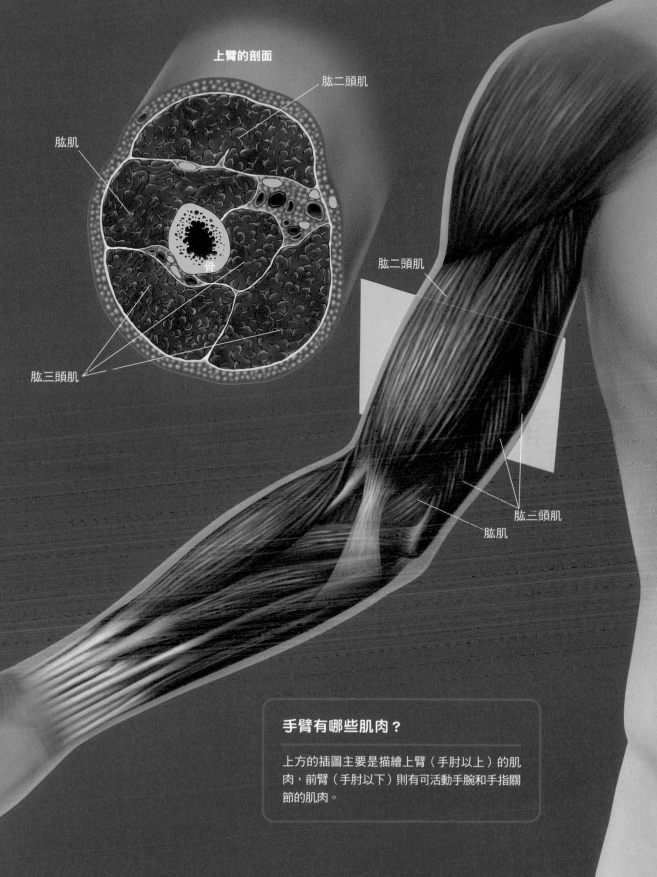

上臂的剖面

肱二頭肌

肱肌

肱三頭肌

骨

肱二頭肌

肱三頭肌

肱肌

手臂有哪些肌肉？

上方的插圖主要是描繪上臂（手肘以上）的肌肉，前臂（手肘以下）則有可活動手腕和手指關節的肌肉。

「尿路結石」
為疼痛之王

疼 痛就如42頁中所述，起源於
感知疼痛的神經末梢接收到刺
激，並將該刺激傳遞至腦部。神經
末梢不只存在於皮膚，還遍布全身
各處。

所謂的疼痛，是指腦部對於神經
末梢感知到的刺激所產生的主觀感
覺，因此疼痛無法準確比較高低。

大多數人可能都同意，當腳趾頭

形成結石的部位
左右頁的圖示是尿路結石發生的部
位。結石的主要成分為尿液中的草
酸鈣等物質。

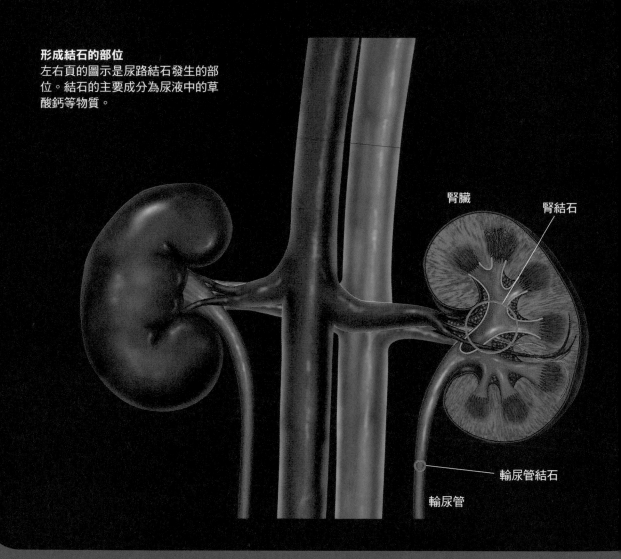

腎臟

腎結石

輸尿管結石

輸尿管

踢到櫃角或在閃到腰的狀態下打噴嚏可是會痛到飆淚的。至於代表性的疼痛，應該是分娩伴隨而來的疼痛了。雖然只有女性才能體會，但胎兒通過狹窄產道時的疼痛程度實不容小覷。

這些暫且不論，其實有種疼痛號稱「疼痛之王」，就是在輸尿管等部位形成結石引起阻塞的「尿路結石」。詢問有過分娩和尿路結石兩者痛楚的人，據說很多回答尿路結石更痛。當然啦，一輩子最好都不要經歷這種疼痛。

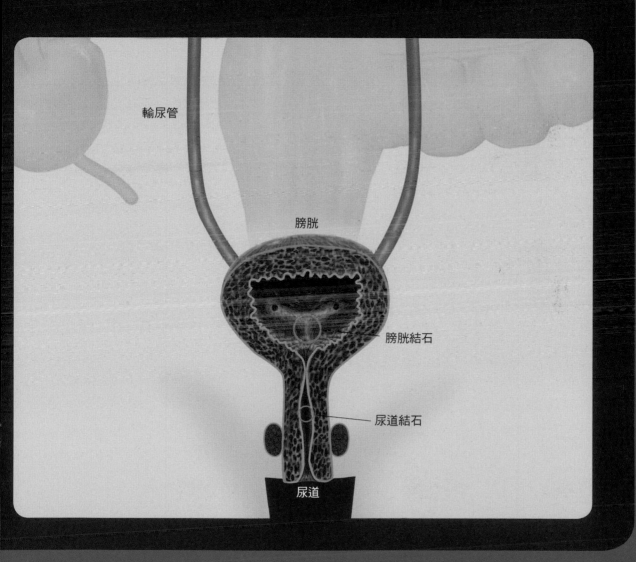

輸尿管

膀胱

膀胱結石

尿道結石

尿道

「眼睛」的構造 就像數位相機

將收到的光線轉換成 電訊號

接 著我們來看看感覺器官的結構，首先是眼睛。

眼睛與數位相機的運作原理，其實有許多相似之處。兩者都具有將光線轉換成電訊號的功能，並藉由無數個小點呈現出影像。

眼睛備有 2 片透鏡，從物體上反射進入眼睛的光線，會經由厚度約0.6毫米、質地堅韌的第1片透鏡「角膜」（cornea），以及可以改變厚度的第2 片透鏡「水晶體」（lens）折射。在自然狀態之下，水晶體會將光線聚焦（成像）在距離17毫米遠的「視網膜」（retina）。而整個視網膜上，布滿了1億多個感光細胞。

觀看遠物時，水晶體會由纖維組成的肌肉牽引而變薄；看近物時水晶體變厚，光線屈折力變強。因此不論物體的遠近，只要水晶體厚度改變，即可確保光線能聚焦在視網膜上。

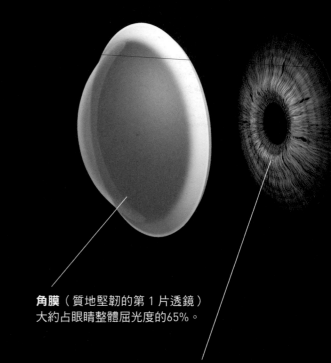

角膜（質地堅韌的第 1 片透鏡）
大約占眼睛整體屈光度的65%。

虹膜（進光量的調節裝置）
透過改變中央孔洞（瞳孔）
的大小，調節進入眼睛的光

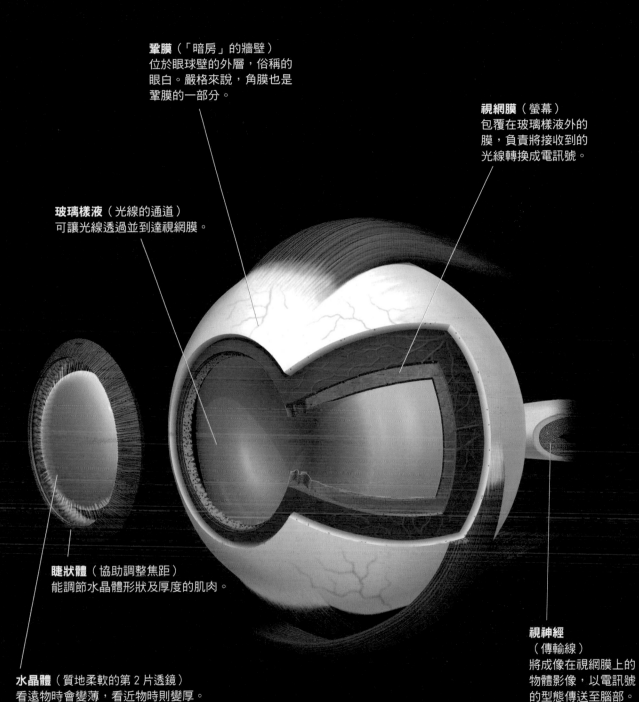

鞏膜（「暗房」的牆壁）
位於眼球壁的外層，俗稱的
眼白。嚴格來說，角膜也是
鞏膜的一部分。

視網膜（螢幕）
包覆在玻璃樣液外的
膜，負責將接收到的
光線轉換成電訊號。

玻璃樣液（光線的通道）
可讓光線透過並到達視網膜。

睫狀體（協助調整焦距）
能調節水晶體形狀及厚度的肌肉。

視神經
（傳輸線）
將成像在視網膜上的
物體影像，以電訊號
的型態傳送至腦部。

水晶體（質地柔軟的第 2 片透鏡）
看遠物時會變薄，看近物時則變厚。

進入「耳朵」的聲波可以大規模增幅

耳朵是掌管聽覺與平衡感的精密機械

耳朵是負責聽覺以及平衡感覺的器官，跟眼睛一樣，都有著精密機械般的複雜構造。

聲音，就是空氣的振動（聲波）。聲波傳到鼓膜（tympanic membrane）引起振動後，會依序傳入鼓膜內側的三塊聽小骨（鎚骨、砧骨、鐙骨），最後抵達內耳。

透過鎚骨和砧骨如槓桿般的結構，可增加1.3倍的鼓膜振動。雖然鐙骨的底面積只有鼓膜面積的17分之 1 左右，由於將振動集中在小範圍內，因此約可增加17倍的鼓膜振動。兩者合計，共增加了近20倍（約1.3×17倍）的鼓膜振動。

從鼓膜傳來的振動，會引起耳蝸（cochlea）裡面的「耳蝸管」內壁出現波動。當「毛細胞」（hair cell）捕捉到該刺激，會轉換成電訊號傳至腦部，即可產生聽覺。

耳朵的全貌

鼓膜以外的部分是「外耳」，鼓膜以內的空間為「中耳」，位於顳骨岩部內的是「內耳」。

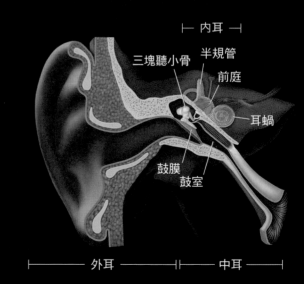

├─ 內耳 ─┤
三塊聽小骨　半規管
前庭
耳蝸
鼓膜
鼓室
├──── 外耳 ────┤├── 中耳 ──┤

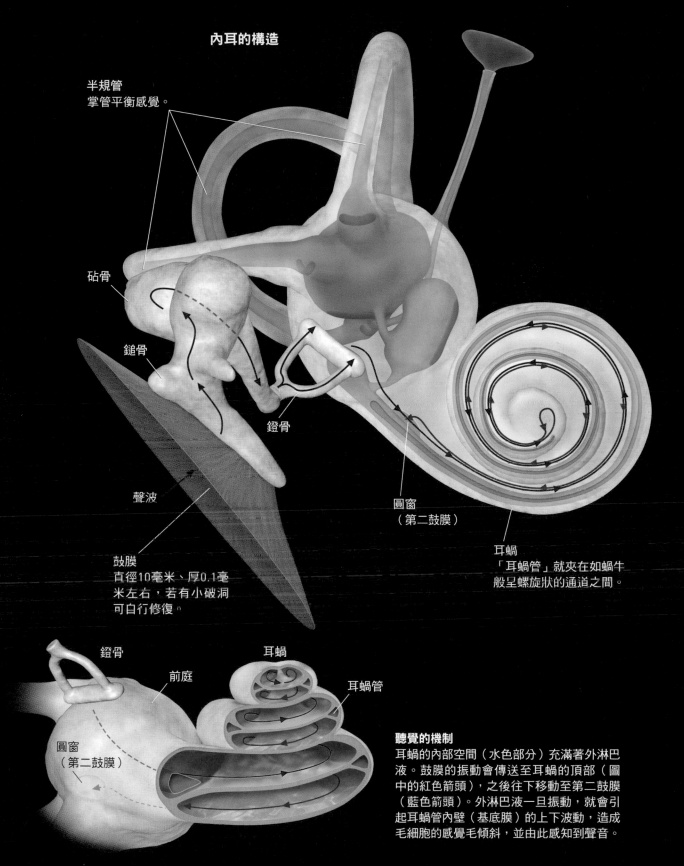

內耳的構造

半規管
掌管平衡感覺。

砧骨

鎚骨

鐙骨

聲波

鼓膜
直徑10毫米、厚0.1毫米左右，若有小破洞可自行修復。

圓窗
（第二鼓膜）

耳蝸
「耳蝸管」就夾在如蝸牛般呈螺旋狀的通道之間。

鐙骨

前庭

耳蝸

耳蝸管

圓窗
（第二鼓膜）

聽覺的機制
耳蝸的內部空間（水色部分）充滿著外淋巴液。鼓膜的振動會傳送至耳蝸的頂部（圖中的紅色箭頭），之後往下移動至第二鼓膜（藍色箭頭）。外淋巴液一旦振動，就會引起耳蝸管內壁（基底膜）的上下波動，造成毛細胞的感覺毛傾斜，並由此感知到聲音。

只有最初1秒嗅得到氣味的「鼻子」

鼻水的源頭
每天湧出1.5公升

在直徑約1公分的鼻孔深處,「鼻腔」縱深10公分、容積10～15立方公分(10～15毫升)。

鼻腔內的表面覆蓋著一層黏膜,布滿著微血管及分泌鼻水的鼻腺。黏膜會對進入鼻腔的空氣加溫加濕,以防止喉嚨深處過冷或乾燥。此外,鼻腺一天的分泌量多達1.5公升,約有一半會直接流入喉嚨。

在鼻腔的表面中,能感受氣味的區域只有鼻腔深處的天花板部分,有遍布感知氣味分子之神經細胞的「嗅黏膜」(olfactory mucous membrane)。

人在安靜狀態下,會以吸氣2秒、呼氣3秒的週期進行呼吸。過程中,能感受到氣味的只有剛吸氣時的1秒多而已。

位於鼻子深處的巨大空洞

右頁是將頭部,以下方插圖的 A,B,C三個方向切割成的剖面圖。A剖面圖,又可分為看向鼻腔的外側壁和看向鼻腔的內側壁。

鼻腔(紅色)中,能感測氣味分子的嗅黏膜只分布在上方部分的一小塊區域。另外,還有4個名為額竇、上頜竇、蝶竇、篩竇的空洞,合稱為鼻竇(粉紅色)。

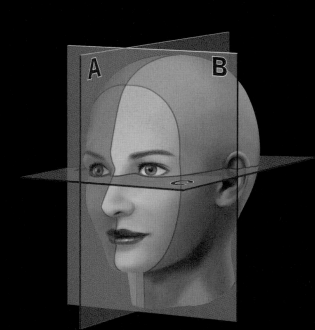

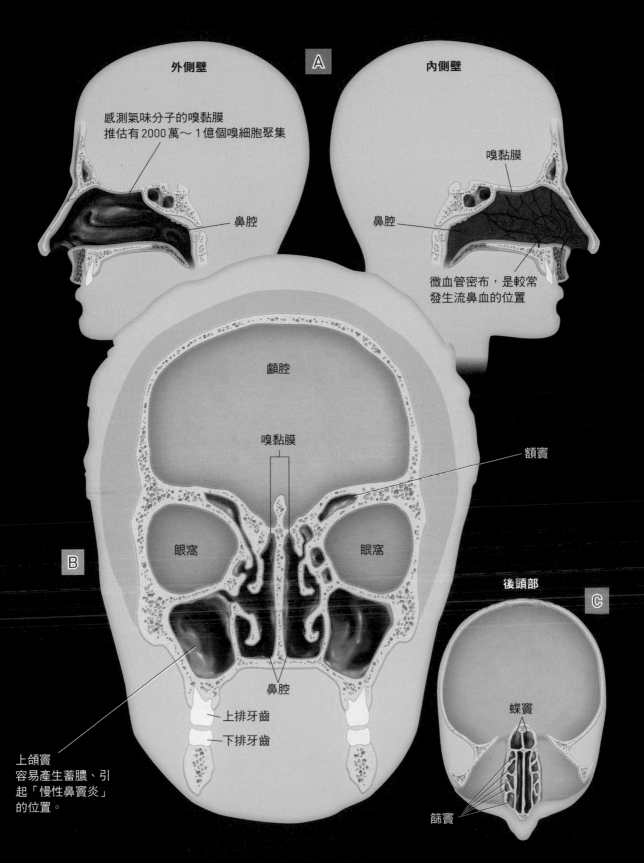

A

外側壁

感測氣味分子的嗅黏膜
推估有2000萬～1億個嗅細胞聚集

鼻腔

內側壁

嗅黏膜

鼻腔

微血管密布，是較常
發生流鼻血的位置

B

顱腔

嗅黏膜

額竇

眼窩

眼窩

鼻腔

上排牙齒

下排牙齒

上頜竇
容易產生蓄膿、引
起「慢性鼻竇炎」
的位置。

後頭部

C

蝶竇

篩竇

味覺的感應器多集中在舌尖和舌根

不只舌頭，喉嚨也能感受到味覺

感知味道的位置

下圖中以黃色代表味覺感應器「味蕾」的分布位置。

右頁則是味蕾上的「舌乳頭」構造示意圖。

味蕾的分布位置（黃色）

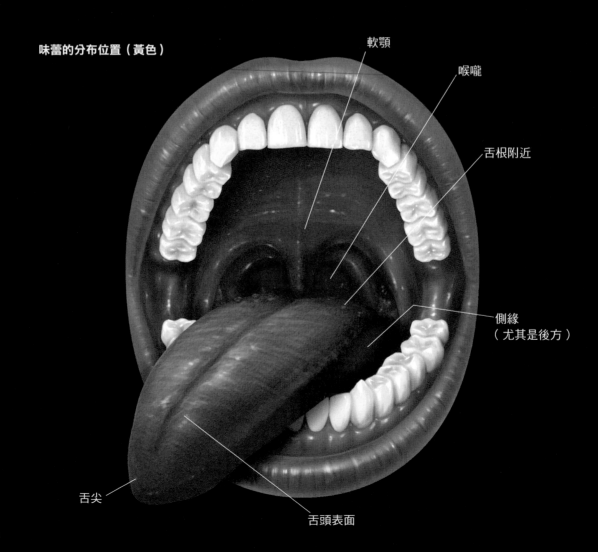

軟顎

喉嚨

舌根附近

側緣
（尤其是後方）

舌尖

舌頭表面

應該有聽過「舌尖感受甜味，兩側感受酸味，舌根附近感受苦味」這種說法吧？但其實基本上舌頭的每一個部位，都可以依序感測到苦味、酸味、甜味或鹹味等全部的味道。

不過味道的敏感度，原本就會依舌頭部位而不同。因為接收味道分子的「味蕾」（taste bud），並非遍布在舌頭各處，而是集中在舌尖、舌根附近、後方側緣等處。

成年後的味蕾大約80％都在舌頭的表面，剩下的20％則分布在喉嚨及口腔深處上方的柔軟部分（軟顎）。位於喉嚨的味蕾，即便只是喝水也會有反應，也就是喝啤酒時常用來形容口感的詞彙「喉韻」。

輪廓乳突
舌根附近的倒V字型由10個左右的突起物排列而成。一個輪廓乳突中有200多個味蕾，就連溶於周圍深溝內的細微味道分子都能感知到。

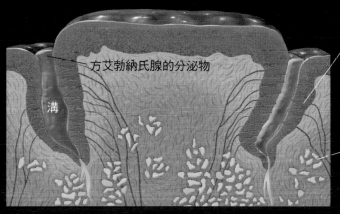

方艾勃納氏腺的分泌物

溝

味蕾
由40〜70個細胞組成的集合體，內有能感測味道分子並產生神經訊號的味覺細胞。

方艾勃納氏腺
（為腺細胞的集合體）

味蕾

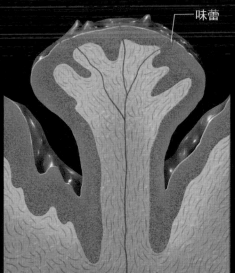

蕈狀乳突
主要集中於舌尖，並無方艾勃納氏腺。一個乳突有3〜4個味蕾，且位於表面。

「神經細胞」是如何傳遞訊息的呢？

透過電訊號和化學物質傳遞訊息的神經細胞

腦 是控制身體的指揮塔，腦裡面有「神經細胞」（神經元，neuron）及「神經膠細胞」（glia）。神經細胞是腦部活動的主角，神經膠細胞則能輔助神經細胞活動，比方說為其提供營養。

　　神經細胞會伸出「手」連接其他神經細胞，藉此傳送訊號，腦內有1000億個以上的神經細胞，每個神經細胞會連接上數萬個神經細胞。

一種神經膠細胞（微膠細胞）

神經細胞

一種神經膠細胞（星狀細胞）

在同一個神經細胞內，訊號會
以電訊號的形式傳送。但由於
兩個神經細胞間連接的「突觸」
（synapse）之間有一定的間隙，電
訊號無法直接傳遞過去。此時神經
細胞就會改用名為「神經傳導物」
的化學物質，將訊號傳給下一個神
經細胞。

在大腦之中，藉由電訊號與化學
訊號的巧妙變換，便能傳遞無數個
訊號。

軸突
圖中的電訊號是往
右邊方向傳遞

樹突

何謂神經細胞（神經元）？
用來傳遞訊號的細長突起。負責接受訊號的突起稱做
「樹突」，負責傳送訊號的突起則稱做「軸突」。在
同一個神經細胞內，訊號會以電訊號的形式傳送。

突觸
神經細胞間的連接處。會由發出訊號的一方釋放出神
經傳導物，當該物質與接收訊號的一方結合，即可將
訊號傳送出去。

神經細胞
（接收訊號的一方）

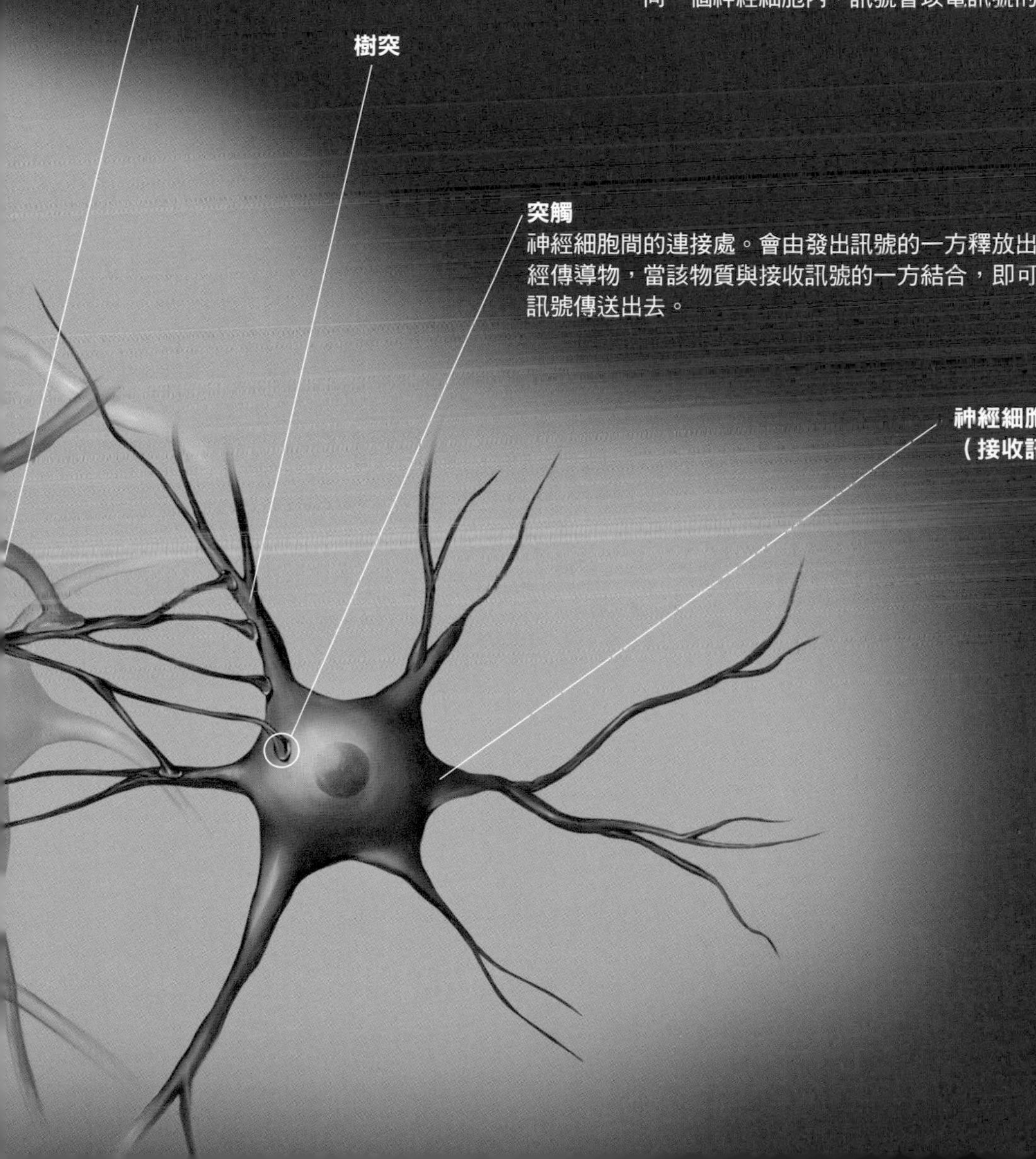

「腦」除了大腦，還有中腦、小腦等部位

腦消耗的能量占全身的20%

　　一般所說的「腦」，其實還分成各種部位，其中最發達的便是「大腦」（cerebrum）。在其外層的「大腦皮質」（cerebral cortex）就占了腦全部重量的4～5成，負責處理視覺、聽覺的感覺訊息，下達運動指令，並進行高度的精神活動。

　　腦的構造除了大腦之外，還有「中腦」、「小腦」、「延腦」等等。

腦的構造
以下是構成成人腦部的主要部位。

從前側看過去的大腦半球剖面

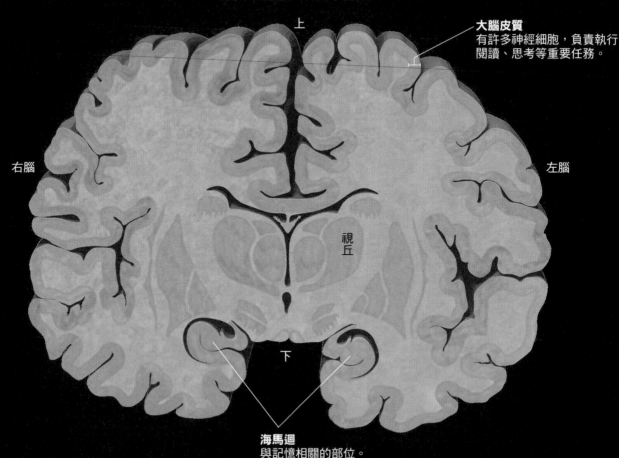

上

大腦皮質
有許多神經細胞，負責執行閱讀、思考等重要任務。

右腦

左腦

視丘

下

海馬迴
與記憶相關的部位。

小腦（cerebellum）負責協調步行、姿勢的控制等運動功能，近年認識到其與認知、情緒等亦息息相關。延腦（medulla oblongata）則是掌管呼吸、血液循環等功能。

身體活動所需的能量來源有蛋白質、脂肪等多種，但腦部的能量來源只有葡萄糖，其餘的物質甚至無法進到腦內。在所有身體能量來源的葡萄糖供給量中，腦部就消耗了20%（以成人為例，一天大約為120公克）。

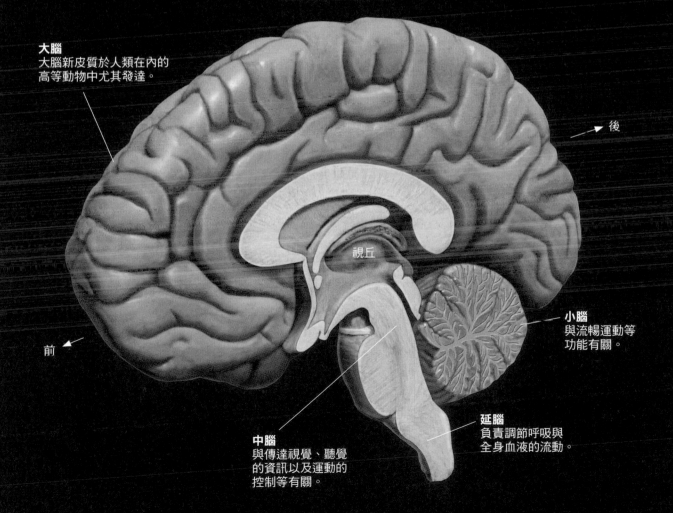

從左側看過去的右腦

大腦
大腦新皮質於人類在內的高等動物中尤其發達。

→ 後

視丘

小腦
與流暢運動等功能有關。

前 ←

延腦
負責調節呼吸與全身血液的流動。

中腦
與傳達視覺、聽覺的資訊以及運動的控制等有關。

複雜的思考就交給「大腦」

大腦的各個區域皆有不同功能

若觀察人類的大腦，會發現其表面布滿皺褶，這是因為將集結各式各樣功能而極度發達的一片皮層（皮質），塞入顱骨內有限的空間導致。

大腦皮質會依照各種區域而有不同的作用，例如頭後側的區域受傷的話，就有可能會造成視力受損。這是由於來自眼睛的訊息，送到了腦部的這一區（初級視覺區）。不只

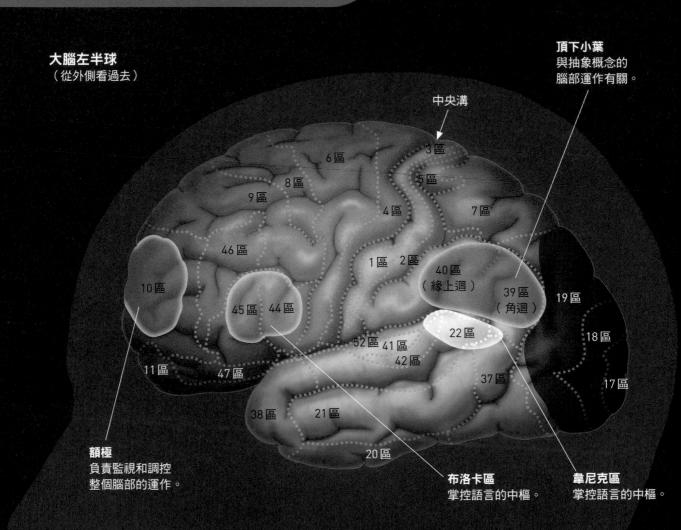

大腦左半球
（從外側看過去）

頂下小葉
與抽象概念的腦部運作有關。

中央溝

6區
8區
9區
3區
5區
4區
7區
46區
1區 2區
40區
（緣上迴）
39區
（角迴）
19區
10區
45區 44區
22區
52區 41區
42區
18區
11區 47區
37區
17區
38區 21區
20區

額極
負責監視和調控整個腦部的運作。

布洛卡區
掌控語言的中樞。

韋尼克區
掌控語言的中樞。

是視覺，從五官接收到的訊息會分別傳送至腦部的不同區域。

與猴子等哺乳類相比，人腦有好幾個明顯特別發達的區域，這些區域被認為與抽象的概念、語言、自我控制和社會性等人類特有的能力相關。

擔任各區域任務的大腦皮質

在左頁與下方的圖中，將成人的腦分成左右兩半，並以顏色來區分大腦皮質。數字則是由德國解剖學家布洛德曼（Korbinian Brodmann，1868～1918）所制定的區域編號。

前扣帶迴
與「站在他人觀點思考」的能力相關。

大腦半球

■ **額葉**
推測未來、行動的選擇、維持記憶等

■ **頂葉**
統合來自身體各部位的感覺訊息等

■ **枕葉**
視覺訊息的處理等

■ **顳葉**
聽覺訊息的處理等

■ **邊緣系統**
情緒、記憶等

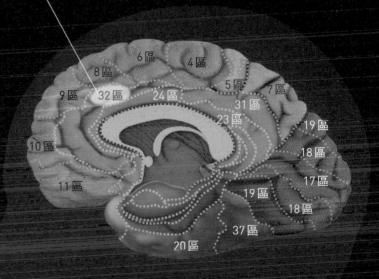

6區　4區
8區　5區
9區　32區　24區　7區
31區
23區
10區　19區
18區
11區　17區
19區
18區
37區
20區

大腦右半球
可以看到左半球和右半球縫隙中，位於溝壁上的大腦皮質。

「脊髓」也會對身體下達動作指令

脊髓連結腦部及身體各部位的神經

「脊髓」和腦是肩負重任的中樞神經，負責處理從各種感覺器官傳來的訊息。脊髓位於脊柱的椎管內，表面由三層膜覆蓋保護著。與脊髓相連的周邊神經（脊髓神經）共有31對，分別從左右兩側的椎骨孔延伸出去。

脊髓兩側有許多成對發出的神經，位於背側的稱為「感覺神經」（sesory nerve），負責將身體各

脊髓與運動神經、感覺神經
左頁是脊髓的構造，以及延伸出去的脊髓神經的位置關係示意圖。右頁是傳遞運動指令的路徑示意圖。

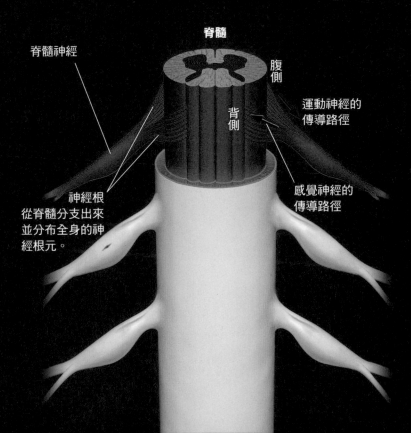

脊髓

脊髓神經

腹側

背側

運動神經的傳導路徑

神經根
從脊髓分支出來並分布全身的神經根元。

感覺神經的傳導路徑

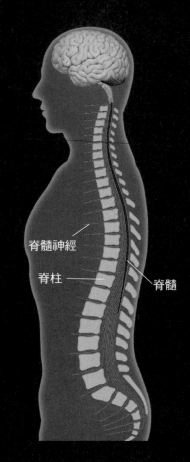

脊髓神經

脊柱

脊髓

包覆在脊柱內的脊髓，表面還有三層膜覆蓋著，受到多重的保護。

部位接收到的訊息傳至脊髓；位於腹側的則是「運動神經」（motor nerve），負責將腦或脊髓下達的指令傳至身體的肌肉。

　　脊髓之所以會稱為「中樞」，是因為能代替腦部控制身體的運作和部分運動。例如當我們看到球飛過來時會馬上縮頭，碰到燙的東西時也會瞬間縮手。這個反射（reflex）的運作與大腦並無關係，是無意識的反應，正是由脊髓負責。

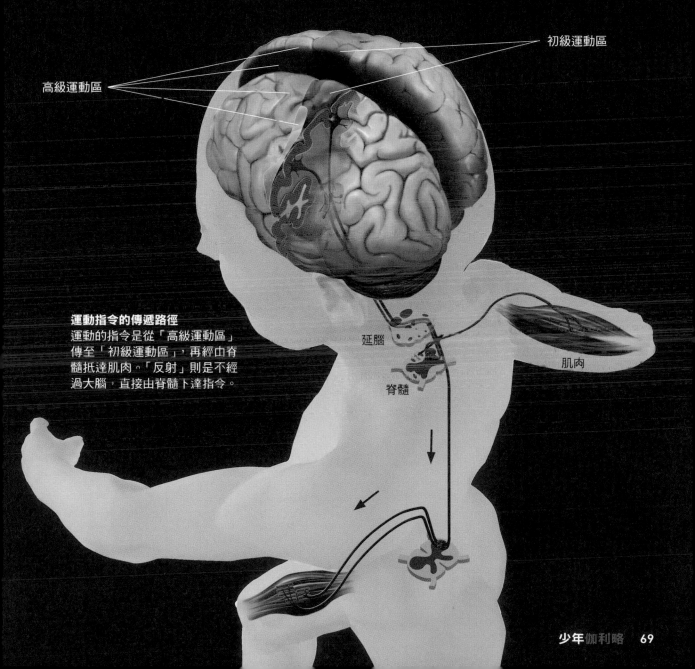

初級運動區

高級運動區

運動指令的傳遞路徑
運動的指令是從「高級運動區」傳至「初級運動區」，再經由脊髓抵達肌肉。「反射」則是不經過大腦，直接由脊髓下達指令。

延腦

脊髓

肌肉

主宰人體
各器官的運作

「激素」會隨著
血液輸送至全身

在 人體內可透過血流影響特定器
官和細胞的物質即「激素」
（hormone，又稱荷爾蒙），許多器
官都存在能分泌激素的細胞。透過分
泌激素維持體內環境安定的系統，就
稱為「內分泌系統」。

作為專門分泌激素獨立存在的器
官，有腦部下視丘正下方的腦垂腺
（pituitary gland），喉嚨附近的甲狀
腺（thyroid gland），以及腎臟上方
的腎上腺（adrenal gland）等等。另
一方面，也有部分器官具有分泌激素
的作用。例如，分布在胰臟內的「蘭
氏小島」（胰島）會分泌調節血糖值
的激素。

在這些眾多的「激素工廠」當
中，又以腦垂腺最為特別。因為
腦垂腺會分泌多種促激素（tropic
hormone），能主控其他腺體的分
泌。也就是說，腦垂腺在整個激素社
會中扮演著指揮塔的角色。

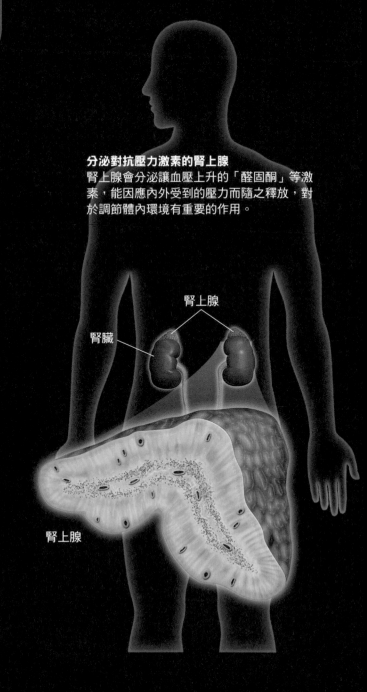

分泌對抗壓力激素的腎上腺
腎上腺會分泌讓血壓上升的「醛固酮」等激
素，能因應內外受到的壓力而隨之釋放，對
於調節體內環境有重要的作用。

腎上腺

腎臟

腎上腺

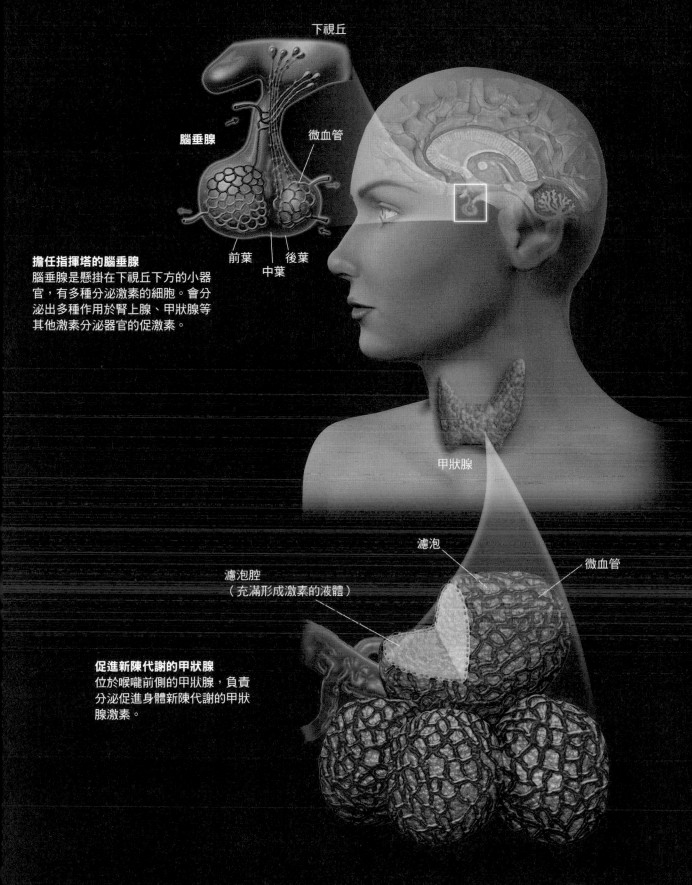

下視丘

腦垂腺

微血管

擔任指揮塔的腦垂腺
腦垂腺是懸掛在下視丘下方的小器
官,有多種分泌激素的細胞。會分
泌出多種作用於腎上腺、甲狀腺等
其他激素分泌器官的促激素。

前葉   後葉
中葉

甲狀腺

濾泡

微血管

濾泡腔
(充滿形成激素的液體)

促進新陳代謝的甲狀腺
位於喉嚨前側的甲狀腺,負責
分泌促進身體新陳代謝的甲狀
腺激素。

「血液」是流動的臟器

功能極為廣泛，若流失25%就會危及性命

接 下來介紹血液和免疫。血液幾乎占據了體重的8%。若以體重60公斤的成人來說，血液將近有 5 公斤（體積不到 5 公升）。

血液是由帶黃色液體的「血漿」（plasma）和「細胞成分」組成，血漿占血液總體積的55%，當中多是水分，但血漿中也包含營養素，以及調節身體作用的「激素」等重要物質。剩下45%的細胞成分是運送氧的「紅血球」、抵抗外敵入侵體內的「白血球」以及負責止血的「血小板」。而血液呈紅色，正因為紅血球是紅色的緣故。

這些血液成分是人體維持生命不可或缺的物質，因此也稱為「流動的臟器」。一般來說，若失去25%的血液就可能會有生命危險。

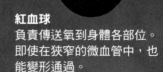

紅血球
負責傳送氧到身體各部位。即使在狹窄的微血管中，也能變形通過。

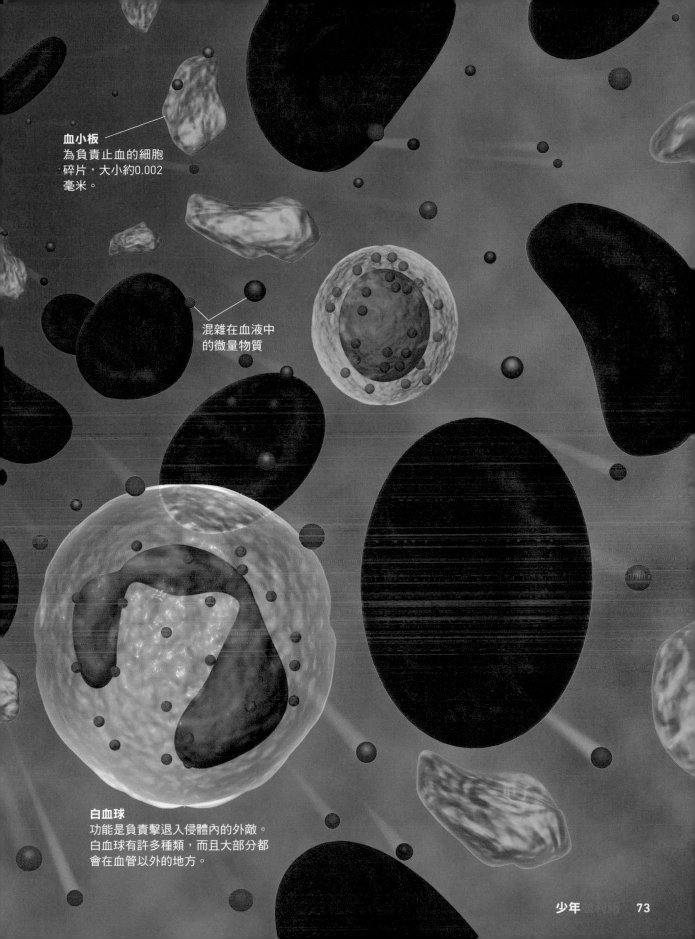

血小板
為負責止血的細胞
碎片，大小約0.002
毫米。

混雜在血液中
的微量物質

白血球
功能是負責擊退入侵體內的外敵。
白血球有許多種類，而且大部分都
會在血管以外的地方。

血液是由「骨髓」製造出來

從骨髓進入微血管，進而循環至全身

血液是如何製造的呢？其實，紅血球、白血球和血小板都是由「骨髓」製造出來的。骨髓指的是骨頭內暗紅色的部分，很多人在吃帶骨炸雞之類的食物時看過吧。骨髓雖然存在全身骨頭當中，但能製造人體內血液的只有顱骨、脊椎骨、股骨等部分的骨髓而已。

而這些骨髓當中，存在許多「造血幹細胞」（hematopoietic stem cell）。紅血球、白血球和血小板都是由單一種造血幹細胞製造而成，這種細胞會經由細胞分裂自行增加數量。造血幹細胞的一部份會變化成紅血球的細胞，另一部分則變化成白血球的細胞，利用這樣的方式而逐漸變化（分化）。

製造出來的紅血球、白血球和血小板，會進入骨髓中的微血管，並流動到全身各處。

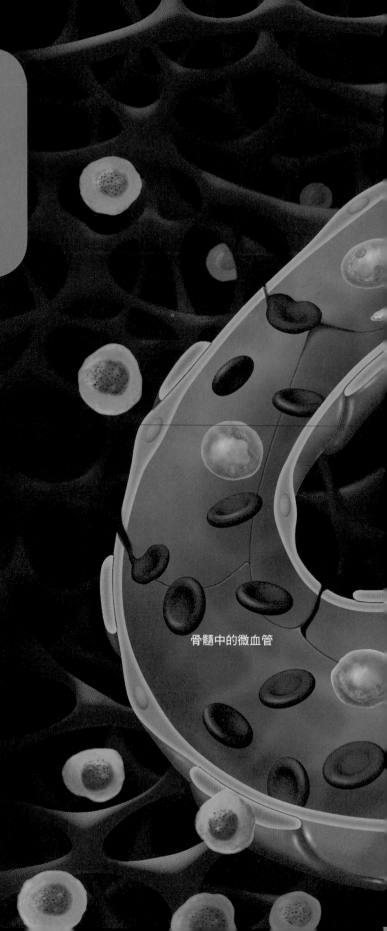

骨髓中的微血管

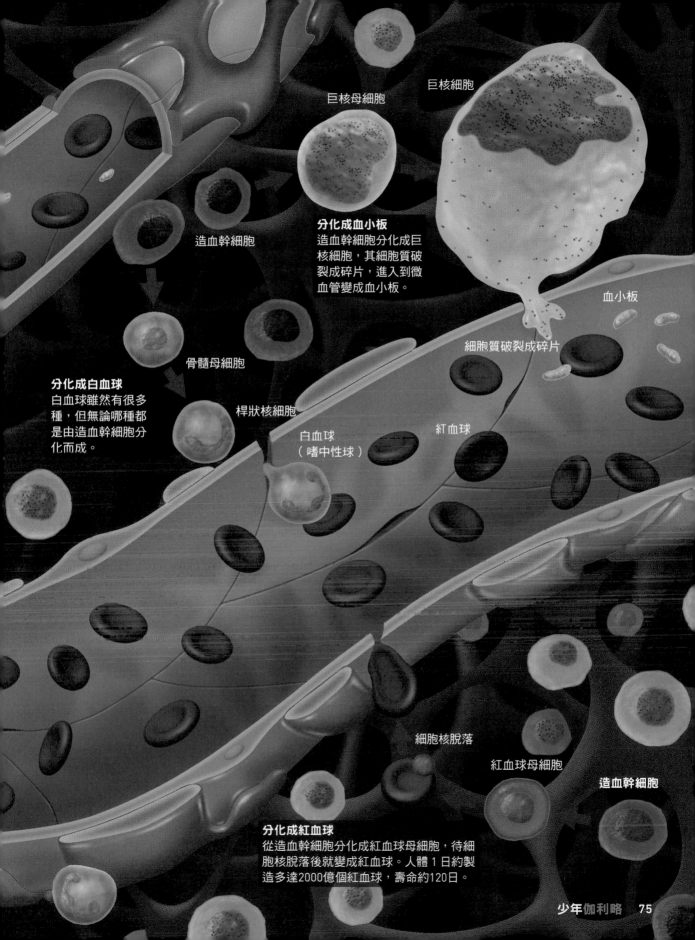

巨核母細胞

巨核細胞

分化成血小板
造血幹細胞分化成巨核細胞,其細胞質破裂成碎片,進入到微血管變成血小板。

造血幹細胞

血小板

細胞質破裂成碎片

骨髓母細胞

分化成白血球
白血球雖然有很多種,但無論哪種都是由造血幹細胞分化而成。

桿狀核細胞

白血球
(嗜中性球)

紅血球

細胞核脫落

紅血球母細胞

造血幹細胞

分化成紅血球
從造血幹細胞分化成紅血球母細胞,待細胞核脫落後就變成紅血球。人體 1 日約製造多達2000億個紅血球,壽命約120日。

「免疫系統」是守護身體的防線

與病原體持續奮戰的免疫細胞

我們的身體時常會遭受細菌、病毒等病原體不斷地嘗試入侵。當出現感冒的症狀，其實就是體內正在爆發一場防衛戰爭。喉嚨痛或是流鼻水都是免疫細胞為了保護身體，奮力抵抗病原體入侵，展開全面作戰的證明。

「白血球」是人體免疫系統的主角。白血球可分為巨噬細胞、樹突細胞、嗜中性球之類的「血球」，以及

主要在先天性免疫作用的細胞

細菌

巨噬細胞

巨噬細胞
吞噬並消化細菌等病原體和老廢細胞。

T細胞

樹突細胞

樹突細胞
主要的任務是將吞噬並消化後的病原體資訊（抗原資訊）提供給T細胞。

顆粒球
顆粒球（嗜中性球、嗜酸性球、嗜鹼性球）具有吞噬並消化病原體的作用。

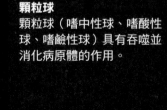

將細菌吞噬破壞的嗜中性球

細菌

如 T 細胞、B 細胞的「淋巴球」。白
血球一旦發現有入侵者，便會呼朋引
伴召集免疫細胞的同伴對病原體展開
攻擊。

　　免疫系統可分成以血球為中心的
「先天性免疫」（innate immunity），
和以淋巴球為中心的「後天性免疫」
（acquired immunity）。先天性免疫
是與生俱來就具備的免疫能力，後天
性免疫則是記住曾經入侵體內的病原

體特徵才獲得的。

主要在後天性免疫作用的細胞

胞毒 T 細胞

輔助 T 細胞

B 細胞

胞毒 T 細胞
T 細胞的一種，作用是和樹突細胞接觸獲得抗原資訊後，發
現並殺死感染病原體的細胞或癌化細胞

輔助 T 細胞（Th1・Th2 細胞）
T 細胞的一種，和樹突細胞接觸獲得抗原資訊後，能幫
助活化、增生 B 細胞或胞毒 T 細胞。

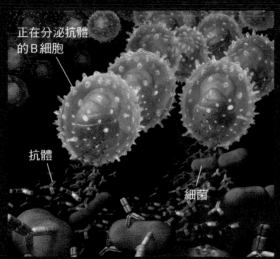

正在分泌抗體
的 B 細胞

抗體

細菌

B 細胞
製造「抗體」（與病原體等結合
使其失去機能，作為各種免疫細
胞攻擊時的記號）。B 細胞的一
部分會形成「記憶細胞」，以備
同樣病原體入侵的不時之需。

結語

少年伽利略《人體》的介紹就到這裡結束，大家應該已經明瞭我們的身體從頭到腳是多麼精密複雜的結構了吧。

小腸的長度是身長的 3 倍以上，肺泡的表面積合計可與半面的網球場相匹敵。在經歷了漫長歲月的演化後，能夠誕生出如此合理的構造，著實令人讚嘆不已。

而且，每個器官都任勞任怨，每天默默地善盡職責。雖然平常不太會察覺到，但只要知道各個器官背後的辛勞，應該會更愛惜自己的身體吧。想要了解更多可參考人人伽利略21《人體完全指南：一次搞懂奧妙的結構與運作機制！》

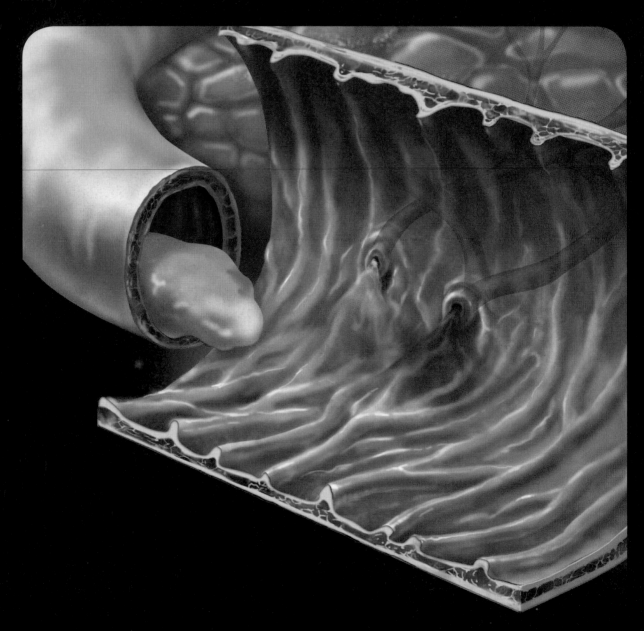

人人伽利略 科學叢書08

身體的檢查數值
詳細了解健康檢查的
數值意義與疾病訊號

　　健康檢查不僅能夠及早發現疾病，也是矯正我們生活習慣的契機，對每個人來說都非常的重要。

　　本書除了帶大家解讀健康檢查結果，了解WBC、RBC、PLT等數值的涵義，還將檢查報告中出現紅字的項目，羅列醫生的忠告與建議，可借機認識多種疾病的成因與預防方法，希望可以對各位讀者的健康有幫助。

定價：400元

人人伽利略 科學叢書21

人體完全指南
一次搞懂奧妙的結構
與運作機制！

　　大家對自己的身體了解多少呢？你們知道每次呼吸約可吸取多少氧氣？從心臟輸出的血液在體內循環一圈要多久時間呢？其實大家對自己身體的了解程度，並沒有想像中那麼多。

　　本書用豐富圖解彙整巧妙的人體構造與機能，除能了解各重要器官、系統的功能與相關疾病外，也專篇介紹從受精卵形成人體的過程，更特別探討目前留在人體上的演化痕跡，除了智齒跟盲腸外，還有哪些是正在退化中的部位呢？翻開此書，帶你重新認識人體不可思議的構造！

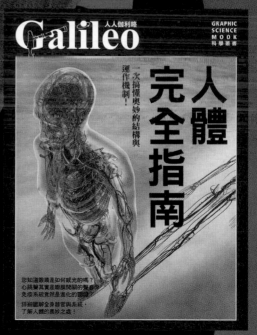

定價：500元

【 少年伽利略 13 】

人體
圖解全身小知識

作者／日本Newton Press
編輯顧問／吳家恆
特約主編／王原賢
翻譯／許懷文
編輯／林庭安
商標設計／吉松薛爾
發行人／周元白
出版者／人人出版股份有限公司
地址／231028 新北市新店區寶橋路235巷6弄6號7樓
電話／（02）2918-3366（代表號）
傳真／（02）2914-0000
網址／www.jjp.com.tw
郵政劃撥帳號／16402311 人人出版股份有限公司
製版印刷／長城製版印刷股份有限公司
電話／（02）2918-3366（代表號）
經銷商／聯合發行股份有限公司
電話／（02）2917-8022
第一版第一刷／2021年11月

定價／新台幣250元
　　　港幣83元

國家圖書館出版品預行編目（CIP）資料

人體：圖解全身小知識
日本Newton Press作；
許懷文翻譯. -- 第一版. --
新北市：人人出版股份有限公司, 2021.11
面；公分. —（少年伽利略；13）
ISBN 978-986-461-264-2（平裝）

1.人體學

397　　　　　　　　　　110016314

Staff

Editorial Management	木村直之
Design Format	米倉英弘 ＋ 川口 匠 （細山田デザイン事務所）
Editorial Staff	中村真哉，谷合 稔

Photograph

16－17	SciePro/stock.adobe.com

Illustration

表紙	Newton Press	60〜61	木下真一郎
2〜15	Newton Press	62〜63	黒田清桐
18〜55	Newton Press	64〜75	Newton Press
56	木下真一郎	76〜77	月本事務所 （AD：月本佳代美，3D監修：田内かほり）
57〜59	Newton Press		